Ignacio Corazza

Utilização de betão drenante

Ignacio Corazza

Utilização de betão drenante

para estruturas de transbordo de águas pluviais

ScienciaScripts

Imprint

Any brand names and product names mentioned in this book are subject to trademark, brand or patent protection and are trademarks or registered trademarks of their respective holders. The use of brand names, product names, common names, trade names, product descriptions etc. even without a particular marking in this work is in no way to be construed to mean that such names may be regarded as unrestricted in respect of trademark and brand protection legislation and could thus be used by anyone.

Cover image: www.ingimage.com

This book is a translation from the original published under ISBN 978-620-2-15342-3.

Publisher:
Sciencia Scripts
is a trademark of
Dodo Books Indian Ocean Ltd. and OmniScriptum S.R.L publishing group

120 High Road, East Finchley, London, N2 9ED, United Kingdom
Str. Armeneasca 28/1, office 1, Chisinau MD-2012, Republic of Moldova, Europe
Printed at: see last page
ISBN: 978-620-7-91261-2

Conteúdo

Capítulo I

Introdução ao problema

O aumento da população é um fenómeno de escala global, atualmente a taxa de crescimento da população é de 0,82% por ano para a população mundial e de 0,5% por ano para a Argentina (ambos os valores para o ano de 2021), de acordo com as Nações Unidas no seu relatório de julho de 2022 [1].

Este fenómeno é acompanhado pelo fenómeno da urbanização, uma vez que as pessoas se deslocam para as cidades procurando um acesso mais fácil a bens e serviços, prevendo-se que a população urbana mundial cresça de 55,3% em 2018 para 68,4% em 2050 [2]. A procura de habitação e outros edifícios gera um aumento do preço dos terrenos nas zonas urbanas, pelo que estas procuram aumentar a sua rentabilidade, criando torres de habitação que aumentam a densidade populacional. Este processo exige infra-estruturas para a circulação de pessoas, bens, etc., gerando, juntamente com as habitações, empresas, edifícios públicos e outros edifícios, um aumento da superfície impermeabilizada. Este aumento da superfície impermeável nas cidades aumenta a probabilidade de inundações causadas por extravasamentos da rede pública de esgotos, pois reduz o tempo de concentração das bacias, modificando o hidrograma de escoamento superficial e aumentando a vazão a ser desembolsada, que deve ser conduzida através de condutos existentes, deteriorados pela passagem do tempo, obstruídos por resíduos e projetados para vazões de pico menores [3, 4].

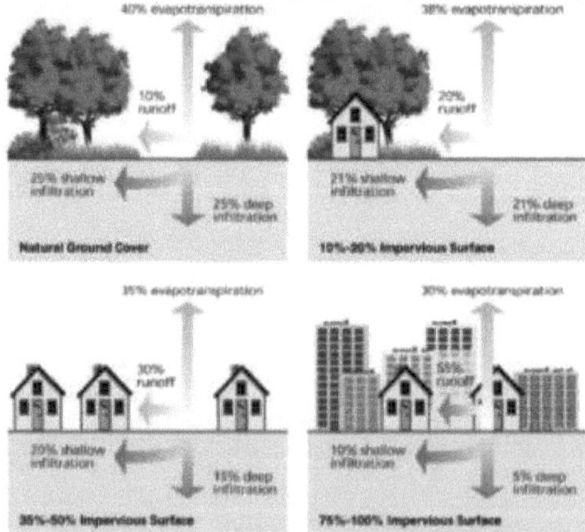

Figura n.º 1. Diagrama comparativo do ciclo hidrológico [5].

Como se pode observar na figura 1, a percentagem de precipitação que se transforma em escoamento superficial aumenta em função da impermeabilização da superfície. Quando todo o terreno está coberto por solo natural, apenas 10% da precipitação se transforma em escoamento superficial, enquanto que quando 75 a 100% do terreno está impermeabilizado, este valor sobe para 55%. Outra consequência da urbanização é a presença de resíduos nas águas pluviais; as cidades exigem uma grande quantidade de bens e serviços em pequenas áreas, e se não houver um programa abrangente e eficiente para a gestão dos resíduos urbanos, pode haver uma elevada concentração de poluentes nas ruas e pavimentos, que são transportados pelas águas pluviais, conduzidos através de condutas de águas pluviais e depois depositados em cursos de água receptores naturais, produzindo impactos negativos nas infra-estruturas, no ambiente e na saúde dos habitantes [6].

Os danos causados às infra-estruturas incluem a deterioração da superfície devido ao atrito com os objectos arrastados e às reacções químicas com os poluentes. Aumenta também a probabilidade de obstruções que dificultam ou impedem o fluxo de água, levando a transbordamentos [7].

Os impactos ambientais incluem danos no ecossistema, afectando a flora e a fauna presentes no curso de água que recebe os resíduos, o que pode resultar na deslocalização natural de espécies, na sobrepopulação de certos espécimes, na eliminação de outros, etc. Isto implica também riscos de contaminação dos alimentos obtidos do ambiente, como o peixe, aumentando o custo do controlo de qualidade e da limpeza, ou mesmo a impossibilidade de obter alimentos seguros, obrigando os cidadãos a procurar novas fontes, o que implica um aumento do custo de transporte e armazenamento dos alimentos.

Outro impacto ambiental é na qualidade da água, que para além de ser prejudicial ao ecossistema, implica riscos para a saúde de quem entra em contacto com a água contaminada, como as pessoas que vivem nas áreas circundantes ao campo, ou que nele desenvolvem actividades recreativas, desportivas ou laborais, levando a um aumento da mortalidade e/ou doenças. Isto implica também um aumento do custo de tornar a água potável para consumo humano ou dos processos necessários para a tornar adequada para uso industrial.

Todos os aumentos de custos associados a cada uma das actividades acima descritas produzem, por sua vez, um maior consumo de bens e serviços, aumentando assim a energia utilizada, produzindo gases com efeito de estufa, agravando uma das origens do problema, que são as alterações climáticas. Como se pode ver, é um ciclo que, na ausência de qualquer intervenção, continuaria a retroalimentar-se ao longo do tempo, agravando as consequências acima descritas e/ou criando outras.

1. tratamento do problema

Seguem-se diferentes alternativas adoptadas em diferentes zonas do mundo para evitar transbordamentos, melhorar a qualidade da água descarregada através de condutas de águas pluviais, melhorar o processo de recarga de aquíferos, etc. À medida que o homem utiliza a água, esta fica contaminada com óleos, sedimentos, detergentes, metais pesados, fertilizantes, agentes patogénicos, pesticidas e resíduos, entre outros. Esta diminuição da qualidade da água torna-se um problema de saúde pública e uma deterioração do ambiente. O mesmo acontece com a água da chuva, que absorve as impurezas presentes no ar e transporta as que se encontram nas superfícies das cidades (telhados, pavimentos, ruas, etc.). Esta situação é ainda agravada pela remoção das barreiras que podem travar os poluentes (por exemplo, o filtro natural proporcionado por alguns solos) e, na maioria dos casos, estes chegam às grandes massas de água sem qualquer tratamento.

Entre as novas estratégias destinadas a melhorar o funcionamento e o desenvolvimento urbano sustentável das cidades encontram-se os chamados "Sistemas de Drenagem Urbana Sustentável" (SUDS). Estes surgiram por volta dos anos 80 como alternativa à drenagem convencional de águas pluviais. Os SUDS minimizam os impactos no ciclo hidrológico através de práticas de controlo na fonte, reduzindo a entrada de poluentes no escoamento das águas pluviais, e recorrem também a práticas que incentivam a gestão in situ da precipitação, tratamentos temporários, detenção e infiltração. Para além do benefício do controlo das inundações, melhoram a qualidade da água fornecida, incentivam a recarga dos aquíferos através de processos de percolação e proporcionam benefícios à vida selvagem [8].

Estes sistemas de drenagem urbana sustentável são concebidos para imitar, tanto quanto possível, o regime natural do ciclo hidrológico presente na área a desenvolver, uma vez efectuado o processo de urbanização. Os sistemas de drenagem urbana sustentável envolvem não só medidas estruturais mas também não estruturais.

As medidas não-estruturais procuram sensibilizar a população para o problema, incentivando uma melhor utilização da água, uma melhor gestão dos resíduos, gerando medidas de controlo nas fontes de poluição, entre outros aspectos. Entre as principais estão:

• Campanhas de sensibilização para o problema, com vista a uma mudança de hábitos dos cidadãos.

• Identificação dos principais poluentes e das suas fontes.

• Elaboração de normas para as indústrias e outras fontes centralizadas de poluição.

• Planear as superfícies impermeáveis para reduzir o escoamento.

• Incentivar a limpeza frequente das superfícies impermeáveis e dos esgotos para reduzir a acumulação de poluentes.

• Controlo da aplicação de herbicidas e fungicidas em parques e jardins.

• Evitar o arrastamento de sedimentos das áreas no local.

• Fornecer procedimentos de limpeza de derrames utilizando técnicas secas.

• Evitar, na medida do possível, o contacto da água da chuva com os poluentes.

• Separar as águas pluviais das águas residuais.

• Armazenar e reutilizar a água da chuva.

As medidas estruturais consistem em estruturas civis de baixo impacto ambiental que contribuem para a redução das áreas impermeáveis, minimizando o escoamento superficial através da infiltração, retenção temporária e percolação, e favorecem a melhoria da qualidade da água. Incluem-se também as obras de armazenamento temporário de águas pluviais.

• Superfícies naturais: são faixas densamente vegetadas com um declive suave, criadas para melhorar a qualidade da água através do processo de filtração, favorecendo a infiltração nas águas subterrâneas e reduzindo o escoamento superficial. É o que se pode ver na imagem seguinte.

Figura Nº 2: Canal vegetado: (Fonte: Thomas Engineering PA: http://www.thomasengineeringpa. com).

• Pavimentos permeáveis: em superfícies onde é necessário substituir o solo natural para o tráfego de veículos, podem ser revestidos com betão ou asfalto com uma permeabilidade que permita a passagem da água para o solo natural, reduzindo o volume de água a ser conduzida através dos esgotos ou desviando-a rapidamente para condutas localizadas sob a estrutura, evitando acumulações de água na superfície.

Figura N°3: Pavimento de asfalto poroso (Fonte: Aggregate Inc http://www.aggregate.com).
Figura N° 4: Betão permeável (Fonte: perviouspavement.org)

- Lagos: São reservatórios artificiais permanentes de águas pluviais, com 1 a 2 m de profundidade, com vegetação emergente e submersa. Estes tipos de lagos são concebidos para assegurar a retenção da água durante longos períodos de precipitação.

Figura N° 5: Tanque artificial (Fonte: Departamento de Agricultura do Minnesota: http://www.mda.state.mn.us).

- Os sistemas geo-celulares ou modulares são sistemas utilizados para amortecer ou armazenar as águas pluviais, podendo ser sistemas de absorção ou volumes de armazenamento. São resistentes às cargas do tráfego e podem ser combinados com o sistema de pavimento permeável para otimizar o seu desempenho e serem utilizados sob estradas ou parques de estacionamento.

Figura N° 6: Estrutura de proteção da água da chuva utilizando módulos de plástico (Fonte: Hydro International: http://www.esi.info).

1.1. Cidade da esponja

O conceito de "Cidade Esponja" foi criado em resposta aos actuais problemas hídricos da

China, uma vez que o país enfrenta problemas de escassez e poluição da água, inundações e degradação do habitat aquático [9]. O conceito de cidade-esponja tem três princípios principais: gestão ecológica da água, infra-estruturas "verdes" e pavimentos urbanos permeáveis [10].

As actuais "cidades-esponja" poderiam reciclar cerca de 70% das águas pluviais através da aplicação de melhorias na permeabilidade das superfícies, sistemas de detenção, armazenamento, purificação e sistemas de drenagem das águas urbanas. Algumas das tecnologias mais frequentemente utilizadas nessas cidades são os telhados verdes, os espaços verdes, as superfícies artificiais de água, as lagoas de infiltração, as instalações de retenção biológica e os pavimentos permeáveis [10].

As intervenções em projectos de cidades-esponja incluem o seguinte:

•   Espaços verdes abertos e contínuos: podem incluir cursos de água, canais e lagoas interligados através dos bairros, que podem reter naturalmente a água e filtrá-la, bem como promover ecossistemas urbanos, aumentar a biodiversidade e criar oportunidades culturais e recreativas.

•   Telhados verdes que podem reter a água da chuva e filtrá-la naturalmente antes de ser reciclada ou libertada para o ambiente.

•   Conceção de intervenções urbanas, incluindo a construção de sistemas sustentáveis de drenagem e de biorretenção para reter o escoamento das águas pluviais e permitir a infiltração nas águas subterrâneas, estradas e pavimentos porosos que possam acomodar com segurança o tráfego de veículos e de peões, permitindo simultaneamente a absorção da água, sistemas de drenagem que orientem o escoamento das águas pluviais para espaços verdes para absorção natural

•   Poupança e reciclagem de água, incluindo a reciclagem de águas cinzentas a nível dos blocos de construção, incentivando os consumidores a poupar água, campanhas de sensibilização e melhores sistemas de monitorização inteligentes para identificar fugas e utilização ineficiente da água.

1.2. Medidas locais

Por último, são apresentadas várias medidas tomadas na cidade de Santa Fé para mitigar os impactos ambientais, sociais e económicos negativos da precipitação.

O Plano Diretor de Drenagem de Águas Pluviais é um trabalho desenvolvido pelo Instituto Nacional da Água (INA), com a colaboração do Governo da cidade de Santa Fé, que foi iniciado em dezembro de 2007. Parte das obras incluídas no Plano Diretor estão especificadas na Portaria n.º 12 194/15, no chamado Plano de Obras Localizadas de Desagües.

Outra intervenção é o sistema de regulação de excedentes de águas pluviais, incluído na Portaria N ° 11.959/13. O objetivo desta portaria é estabelecer um quadro regulamentar para a incorporação de sistemas de regulação de excedentes de águas pluviais, a fim de contribuir para a otimização do funcionamento do sistema de drenagem pluvial urbana na cidade de Santa Fé.

Nos seus artigos, apresenta modificações dos factores de impermeabilização do solo, que é a relação entre a projeção, sobre um plano ideal a +/- 0 do nível do solo, da superfície coberta construída mais a superfície do pavimento ou da pavimentação e a superfície do terreno. Além disso, quando os requisitos do fator de impermeabilização não forem cumpridos, devem ser incorporados dispositivos hidráulicos para regular a evacuação dos excedentes de águas pluviais, a fim de reduzir o seu impacto no sistema de drenagem pluvial urbana. Estes dispositivos devem produzir, pelo menos, uma redução de cinquenta por cento (50%) do caudal máximo a evacuar. [2]Incluem-se também obrigações para os proprietários de imóveis com superfícies impermeáveis superiores a 1000 m, que devem propor um sistema de regulação de caudal, entre outras medidas.

De acordo com as disposições do decreto D.M.M. N°00701/13, a cidade de Santa Fé está localizada no vale de inundação do rio Paraná, rodeada por numerosos cursos de água, com as consequentes variações periódicas de caudais e níveis, o que a torna uma cidade em risco permanente de água.

Por conseguinte, através do Regulamento de Desenvolvimento Urbano (Portaria n.º 11.748), foi prevista a criação de cinquenta e dois hectares de reservatórios e a obrigatoriedade de cumprimento de um Fator de Impermeabilidade do Solo (FIS) adequado a cada zonamento da cidade, a redução dos sacos de plástico e um regime especial para os Grandes Geradores de Resíduos, com o objetivo de contribuir para evitar a obstrução dos sistemas de drenagem das águas pluviais e a inclusão de Cinturas Verdes nos passeios (parte destinada a relva e árvores para melhorar a absorção do solo).

A Resolução N°14.716/13 estabelece que a Secretaria Executiva Municipal procederá à formalização de convênio com o Instituto Nacional de Águas (INA), com o objetivo de realizar estudos e avaliações quantitativas visando à identificação de pontos críticos de interesse localizados em espaços públicos passíveis de serem retardados, e estabelecer uma ordem de prioridades de intervenção, de acordo com a percentagem de impermeabilização de cada bacia, tendo por base o projetado no Plano Diretor de Drenagem de Águas Pluviais, elaborado oportunamente pelo referido organismo, de forma a minimizar os efeitos das chuvas intensas.

Como resultado desta resolução, podemos mencionar o relatório intitulado "Estudo de áreas críticas para inundações frequentes na cidade de Santa Fé" [10], concluído em maio de 2015, cuja área de estudo inclui as vinte e seis (26) bacias definidas no plano acima mencionado.

A grande maioria das soluções propostas pelo Plano Diretor incluem intervenções relacionadas com a ampliação e implementação de condutas troncais e secundárias da rede de drenagem pluvial, ou seja, alternativas de infra-estruturas convencionais. No entanto, são também propostos projectos que poderiam ser definidos dentro das tipologias habituais dos Sistemas de Drenagem Urbana Sustentável; estas alternativas foram apresentadas pelo INA numa segunda parte do relatório em julho de 2017 [11]. Entre estas últimas encontram-se as seguintes:

1.1.1. Cuenca Unión: para atenuar os efeitos das fortes chuvas nesta zona, foram analisadas alternativas que contemplam a regulação das afluências através de um reservatório a construir na Plaza Constituyentes seguindo o pavimento perimetral (Figura N°7). **(Intervenção projectada).**

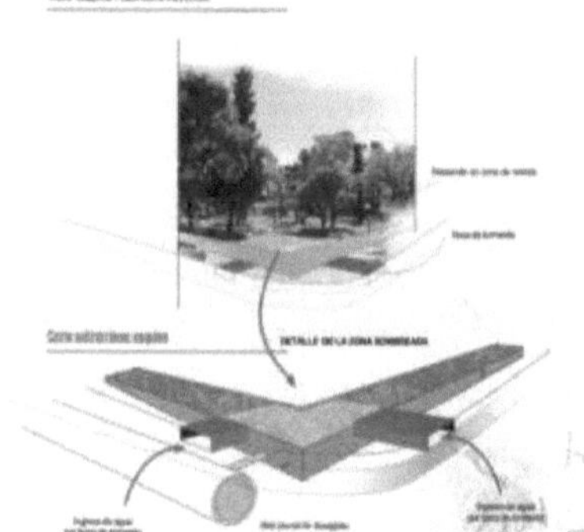

Figura N°7: Projeto de retardador pluvial Plaza Constituyentes. Cidade de Santa Fé [12].

Figura n.° 8: Planta de localização da bacia hidrográfica da União [13].

1.1.2. [3]Bacia Durán - Parque: para esta bacia, foi considerada a construção da bacia secundária na Calle Catamarca (Plano Diretor), além da construção de um reservatório subterrâneo no canteiro central da Avenida Freyre de secção retangular e com um volume total de 3000 m (Figuras N°4 e 5). **(Intervenção efectuada).**

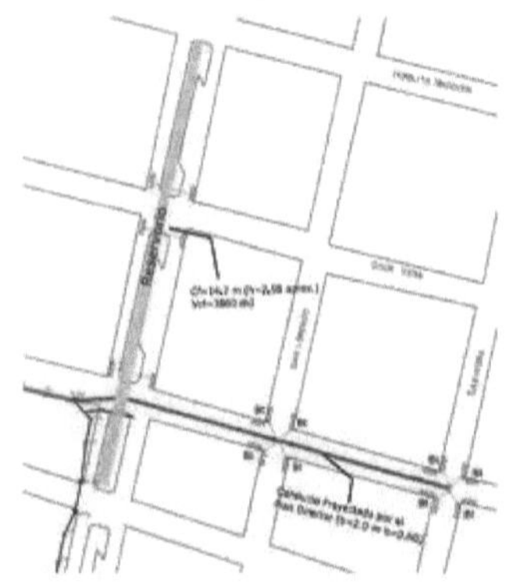

Figura N°9: Esquema y ubicación del reservorio [12].

Figura N°10: Reservorio construido en funcionamiento. Ciudad de Santa Fe [14].

Figura N°9: Esquema e localização do reservatório [12].
Figura N°10: Reservatório construido em funcionamento. Cidade de Santa Fé [14].

Figura N° 11: Planta de localização da bacia de Duran - Parque [13].

1.1.3. <u>Bacia de Cruz Roja:</u> nesta bacia propõe-se regularizar os caudais de entrada através de um reservatório na Plaza del Soldado, que dispõe de um espaço amplo como uma antiga construção subterrânea que constitui uma vantagem relativa muito importante em relação a outros sectores de regulação propostos devido à possibilidade de realizar uma obra de regulação subterrânea constituída por uma bacia de forma regular e de dimensões consideráveis que pode ser ligada diretamente a uma conduta existente no pavimento norte da rua de Salta. **(Intervenção prevista).**

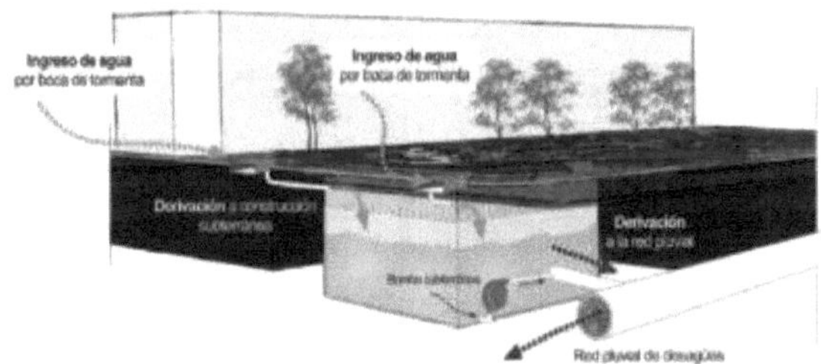

Figura N°12: Esquema do reservatório [12].

Figura n.° 13: Planta de localização da bacia da Cruz Vermelha [13].

Capítulo II

Abordagem do quadro lógico.

A metodologia do Quadro Lógico foi desenvolvida em 1969 pela Agência dos Estados Unidos para o Desenvolvimento Internacional. Atualmente, é utilizada por várias organizações multilaterais, como o Banco Interamericano de Desenvolvimento, a Agência Espanhola de Cooperação Internacional para o Desenvolvimento, entre outras.

Esta metodologia pode ser descrita como uma ferramenta que facilita o processo de concetualização, conceção, implementação e avaliação de projectos, dando ênfase à orientação para os objectivos e para o grupo-alvo e facilitando a participação e a comunicação entre as partes interessadas. Esta ferramenta analítica é utilizada para melhorar o planeamento e a gestão do projeto, com base nas seguintes tarefas:

- Clarificar o objetivo e a justificação de um projeto.
- Identificar as necessidades de informação.
- Definir claramente os elementos-chave de um projeto.
- Analisar o ambiente do projeto desde o início.
- Facilitar a comunicação entre as partes envolvidas.
- Identificar as variáveis-chave para medir o sucesso ou o fracasso de um projeto.

Apresenta igualmente múltiplas vantagens em relação a abordagens menos estruturadas, por exemplo:

- Fornece uma terminologia uniforme que facilita a comunicação e serve para reduzir as ambiguidades.
- Fornece um formato para chegar a acordos precisos sobre os objectivos, metas e riscos do projeto que são partilhados pelos diferentes intervenientes no projeto.
- Concentra o trabalho técnico nos aspectos críticos e pode encurtar consideravelmente os documentos do projeto.
- Fornece uma estrutura para expressar, numa única tabela, as informações mais importantes sobre um projeto.

As principais partes do Marco Lógico são a identificação do problema, a análise das partes interessadas, dos objectivos e das alternativas, a identificação dos principais elementos do projeto através da Matriz de Planeamento e a identificação dos Factores Externos.

A identificação do problema consiste em estabelecer relações de causa e efeito entre os factores negativos de uma situação existente. Neste caso, procura-se definir concretamente a situação problemática (PS), a necessidade problemática (PN) ou a oportunidade de melhoria (OP). O problema deve ser definido como uma lacuna ou um défice e apresentado como um estado negativo real localizado numa população-alvo. A solução não deve ser incorporada na declaração do problema, mas apenas o problema focal ou central deve ser declarado.

Para o fazer, é necessário responder a um conjunto de questões para identificar o problema principal. Que consequências/efeitos ou manifestações negativas são percebidas por um determinado grupo social? Quem e/ou que coisas são afectadas por essas consequências negativas? Quais são as singularidades das consequências negativas? São permanentes, aleatórias, periódicas? Onde ocorrem as consequências negativas? Quais são os impactos dessas consequências negativas? Quais são os impactos? A sua descrição sucinta. Prognóstico da evolução da situação sem intervenção.

Da mesma forma, um problema não é a ausência de uma solução, mas um estado negativo existente. Na análise, é útil distinguir entre as causas do problema, o problema em si e os seus efeitos ou consequências. A chamada "árvore de problemas" pode ser utilizada para organizar as ideias. Destina-se a localizar o problema central ou focal a ser resolvido pelo projeto. A árvore de problemas tem três níveis diferentes: as causas do problema, o problema em si e os seus efeitos ou consequências.

A <u>análise das partes interessadas</u> procura identificar todos os grupos, organizações e pessoas relacionadas e afectadas pela situação/problema em questão. Os conflitos existentes ou potenciais entre eles são levantados e investigados. Os interesses destes grupos em relação ao problema identificado e as suas percepções dos problemas são também investigados. São observados os recursos disponíveis (políticos, jurídicos, humanos, financeiros, etc.). Por fim, é elaborada uma árvore de problemas.

Depois de ter identificado o problema principal, procede-se à <u>análise dos objectivos,</u> onde são propostas possíveis soluções. Com base na árvore de problemas, são identificadas as intervenções a efetuar para resolver ou reduzir o problema principal, de modo a que os estados negativos do diagrama se transformem em estados positivos alcançados como resultado da intervenção efectuada no sistema.

Uma vez determinados os objectivos, procede-se a uma <u>análise das alternativas, que</u> consiste em expor as possíveis soluções que poderiam alcançar os objectivos propostos, a capacidade da organização que vai desenvolver o projeto, os meios de que dispõe, os recursos que pode gerir razoavelmente e o ambiente que rodeia o projeto, dentro desta análise existe a possibilidade de eliminar os objectivos que não podem ser alcançados nas condições assumidas para o projeto (falta de capacidade executiva, financiamento, legislação, tecnologia disponível, etc.).

Qualquer projeto deve refletir as alternativas possíveis e justificar a escolha de uma delas com base nos critérios utilizados para comparar cada uma das opções. Esta análise pode ser muito complexa, dependendo dos critérios utilizados no momento da comparação. A opção adoptada deve ser viável, entendida como a possibilidade de implementar a alternativa selecionada e apresentar os melhores valores para as variáveis de comparação. Uma matriz com as diferentes opções e os critérios escolhidos pode facilitar essa análise.

1. *Desenvolvimento do MLE*

A Abordagem do Quadro Lógico (QL) é aplicada a este projeto a fim de melhorar o planeamento e a eficiência do projeto.

1.1. Definição do problema

O aumento da intensidade da precipitação, em consequência das alterações climáticas, produz caudais de ponta mais elevados do que os projectados na altura da conceção da rede de drenagem pluvial urbana. Esta situação é agravada pelo aumento da impermeabilidade da superfície, que conduz a alterações nos volumes de escoamento superficial, nas velocidades de escoamento e nas taxas de infiltração direta.

Esta situação provoca o colapso do sistema de drenagem, que se vê obrigado a evacuar caudais superiores aos valores de projeto. Santa Fé e a maioria das localidades da província sofrem regularmente deste fenómeno. Além disso, o problema é agravado pelo aumento de resíduos nas águas pluviais, provocado pelo aumento da população e da densidade populacional nas cidades, que gera obstruções e danos nas infra-estruturas de águas pluviais.

Esta última tem também um impacto ambiental significativo, uma vez que os resíduos arrastados pela água da chuva são depositados nos cursos de água, diminuindo a qualidade da água, prejudicando o ecossistema, causando riscos para a saúde, etc.

Que consequências/efeitos ou manifestações negativas são percepcionadas por um determinado grupo social?

- Poluição na Lagoa de Setúbal e zonas ribeirinhas.
- Inundações localizadas.
- Inadequação da capacidade das infra-estruturas previstas.
- Encharcamento de ruas e passeios.
- Odores desagradáveis provenientes dos esgotos.
- Perdas materiais e económicas.
- Afecta o tráfego e as actividades produtivas.

Quem e/ou o que é afetado por estas consequências negativas?

Embora o problema a abordar seja de carácter geral ou global, é analisada a situação particular da cidade de Santa Fé, que tem cerca de 391 164 habitantes [15].

As principais pessoas afectadas são as que vivem nas zonas críticas identificadas pelo Instituto Nacional da Água (INA).

Quais são as singularidades das consequências negativas: são permanentes, aleatórias, periódicas?

- Poluição na Lagoa de Setúbal e zonas ribeirinhas. **PERMANENTE.**
- Inundações localizadas. **JORNAL.**
- Inadequação da capacidade das infra-estruturas previstas. **PERIÓDICA.**
- Encharcamento de ruas e passeios. **JORNAL.**
- Os maus cheiros provenientes dos esgotos. **JORNAL.**
- Perdas materiais e económicas. **JOURNAL.**
- Tráfego e actividades produtivas afectadas. **JOURNAL.**

Onde é que as consequências negativas ocorrem/ocorreram?

- Lagoa de Setúbal.
- Ruas, avenidas, passeios, praças e outros espaços públicos.
- Propriedades privadas.
- Cidade de Santa Fé.
- Zonas críticas determinadas pelo Instituto Nacional da Água (INA).

Qual é o impacto destas consequências negativas?

As consequências negativas identificadas têm um impacto fundamental na vida quotidiana dos cidadãos, gerando pequenos incómodos com uma frequência elevada e afectações graves periodicamente, produzindo afectações económicas como perdas materiais, grandes inundações por períodos de tempo prolongados ou mesmo perda de vidas. A expetativa futura de possíveis inconvenientes causados pela precipitação afecta o investimento na cidade, o valor dos terrenos e tem também um impacto negativo na psique dos cidadãos, gerando situações de ansiedade e/ou pânico que afectam negativamente a qualidade de vida e as actividades económicas.

Quais são os impactos?

- <u>Poluição da Lagoa de Setúbal e das zonas ribeirinhas:</u> os resíduos depositados na via pública são arrastados para os esgotos e acabam nos colectores pluviais, nos reservatórios ou nas grelhas das estações elevatórias, sendo depois descarregados em cursos de água naturais como o rio Setúbal e o rio Salado.
- <u>Inundações localizadas:</u> Estes fenómenos são consequência da situação anteriormente referida e têm impacto no normal funcionamento da cidade, provocando inundações e os efeitos que daí advêm (encerramento de ruas, suspensão de linhas de autocarros, ruas intransitáveis e não pavimentadas, etc.).

- **Inadequação da capacidade das infra-estruturas projectadas:** dado o aumento da taxa de impermeabilização da superfície, verifica-se um aumento dos caudais de ponta a entregar, uma vez que a absorção do solo natural diminui. A isto acresce a variação das intensidades provocada pelo fenómeno das alterações climáticas. Ambas as situações criam um cenário em que a capacidade de transporte da infraestrutura projectada é largamente ultrapassada.
- **Encharcamento de ruas e passeios:** a presença de resíduos urbanos nas condutas de drenagem provoca obstruções totais ou parciais que, juntamente com o aumento do caudal de água a descarregar, provocam transbordamentos.
- **Perdas materiais e económicas:** estes transbordamentos provocam perturbações no trânsito, inundações que causam danos em bens públicos e privados e/ou perdas de vidas, resultando em perdas económicas consideráveis para a comunidade.
- **Os maus cheiros dos** esgotos: os resíduos urbanos contêm uma grande quantidade de resíduos orgânicos [16] que, devido a entupimentos, podem ficar retidos nos esgotos durante um período de tempo suficiente para se decomporem, e as estruturas actuais permitem que animais como os roedores entrem no sistema de esgotos, onde se alimentam, reproduzem e eliminam os seus resíduos dentro das condutas, agravando o problema.

1.2. Prognóstico da evolução da situação sem intervenção

Há uma série de factores que não podem ser tratados a nível local, regional ou nacional e que afectam toda a população mundial, como as alterações climáticas ou o crescimento demográfico. Estas situações levam a um aumento das taxas de resíduos urbanos e de impermeabilização, que podem ser abordadas de forma abrangente com planeamento futuro, campanhas de sensibilização e regulamentação para melhorar a situação existente.

Se não forem tomadas medidas para reduzir tanto os resíduos urbanos como a impermeabilização das superfícies, os problemas associados acima descritos continuarão a aumentar até que a qualidade de vida da população piore consideravelmente, produzindo enormes perdas económicas e ambientais. Uma vez atingida esta situação, as medidas a tomar para evitar novos danos e melhorar o estado atual terão de ser estruturais e extremamente dispendiosas.

1.3. Quadro dos participantes no MLE

GRUPO	RELAÇÃO COM O PROJECTO	INTERESSES E NECESSIDADES	PROBLEMAS DETECTADOS	ENTRADAS OU LIMITAÇÕES DO PROJECTO
Habitantes da cidade	Beneficiário indireto	Cesar para deixar de sofrer danos e incómodos devido a transbordamentos de águas pluviais	• Poluição na Lagoa de Setúbal e zonas ribeirinhas. • Inundações localizadas. • Odores desagradáveis provenientes dos esgotos. • Perdas materiais e económicas.	Não identificado
Organismos públicos responsáveis pela conceção, construção e manutenção das redes de drenagem pluvial.	Beneficiário direto	Minimizar os custos de execução, manutenção, renovação, etc. das obras.	Obstruções e deterioração das condutas	Falta de conhecimentos para a aplicação de um sistema não tradicional
Empresas privadas envolvidas na construção de drenagem de águas pluviais	Beneficiário direto	Obter dinheiro através da realização de obras	Não identificado	Não identificado
Vizinhos do estaleiro	Beneficiário direto	Cessação dos danos ou	• Inundações localizadas.	Afectados negativamente

	incómodos causados pelos transbordamentos de águas pluviais	• Odores desagradáveis provenientes dos esgotos. • Perdas materiais e económicas. • Cercas em falta devido a actos de vandalismo.	no período de construção
Instalações de processamento de betão	Beneficiário direto	Aumentar as vendas de betão. Comercialização do betão permeável	Não identificado	Fornece betão permeável. Como não se trata de um material muito utilizado, é difícil garantir a qualidade do produto.
Município da cidade de Santa Fé	Beneficiário direto	Garantir o cumprimento da regulamentação em vigor. Procurar melhorar a qualidade de vida dos cidadãos.	Aumento do número e da frequência das queixas dos residentes sobre problemas de drenagem.	Aplicação do betão drenante nas infra-estruturas existentes e futuras

GRUPO	RELAÇÃO COM O PROJECTO	INTERESSES E NECESSIDADES	PROBLEMAS DETECTADOS	ENTRADAS OU LIMITAÇÕES DO PROJECTO
Pescadores	Beneficiário indireto	Obter peixe em quantidade e qualidade suficientes para tornar a sua atividade rentável.	Diminuição da quantidade de peixes presentes na Lagoa de Setúbal	Não identificado
Entidades responsáveis pelo fornecimento de água potável	Beneficiário direto	Reduzir os custos da purificação da água	Aumento dos níveis de contaminação da água que chega à fábrica	Incentivar a utilização de elementos de betão drenantes, dada a sua capacidade de filtragem.

Quadro n.º 1: Quadro dos participantes na abordagem do quadro lógico, resumindo a interação entre cada grupo analisado e o projeto.

1.4. Avaliação da importância e da influência

O diagrama seguinte representa os grupos de influência, aqueles que serão afectados em maior ou menor grau pelo projeto, seja de forma negativa, neutra ou positiva, diferenciados por cores e organizados de acordo com a magnitude do impacto e da influência gerados.

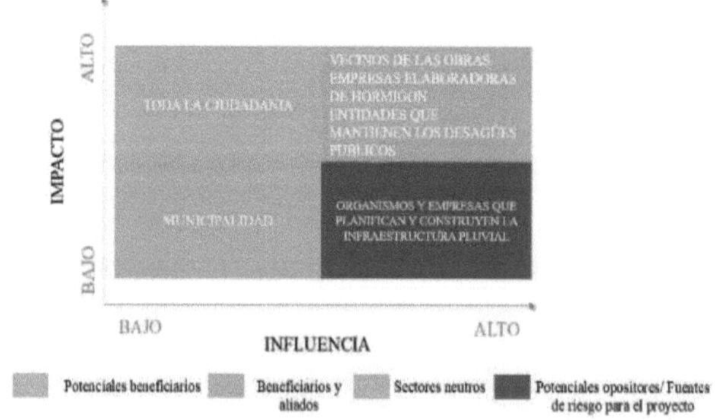

Figura Nº 14: Esquema gráfico donde se representa la importancia e influencia percibida que la ejecución del proyecto va a tener en los involucrados.

1.5. Identificação de riscos e pressupostos

GRUPOS ENVOLVIDOS	RELAÇÃO COM O PROJECTO	CAUSAS	CONTRIBUIÇÕES	RESTRIÇÃO
Habitantes da cidade	Potenciais beneficiários	Melhorar a qualidade de vida	Não identificado.	Não identificado
Projectistas e construtores privados de obras públicas	Beneficiários directos	Nova alternativa para reduzir um problema	Adoção e divulgação da alternativa proposta	Eventual falta de interesse na aplicação de um sistema não tradicional
Responsável pela conceção e construção de instalações para águas pluviais	Potenciais adversários	Adaptação a um novo sistema	Não identificado	Possível falta de interesse na aplicação de um sistema não tradicional e/ou não adaptação ao mesmo Visualização do sistema como uma competência no domínio de trabalho
Vizinhos que utilizam as obras	Beneficiários directos	Variedade de alternativas para o mesmo problema Infra-estruturas melhoradas	Recursos financeiros	Falta de interesse na aplicação de um sistema não tradicional, caso os custos sejam mais elevados do que os das soluções tradicionais. Eventual insatisfação com os inconvenientes da fase de construção
Centrais de betão	Beneficiários directos	Nova procura dos seus produtos	Incorporação do betão de drenagem na sua gama de misturas	Necessidades de formação e/ou aconselhamento
Município	Sector neutro	Não identificado	Não identificado	Necessidade de assegurar a aprovação/inspeção dos módulos para permitir a adoção do sistema

Quadro n.º 2: Resumo da relação entre os diferentes grupos envolvidos no projeto, as suas contribuições e/ou limitações para o projeto.

1.6 Árvore de problemas

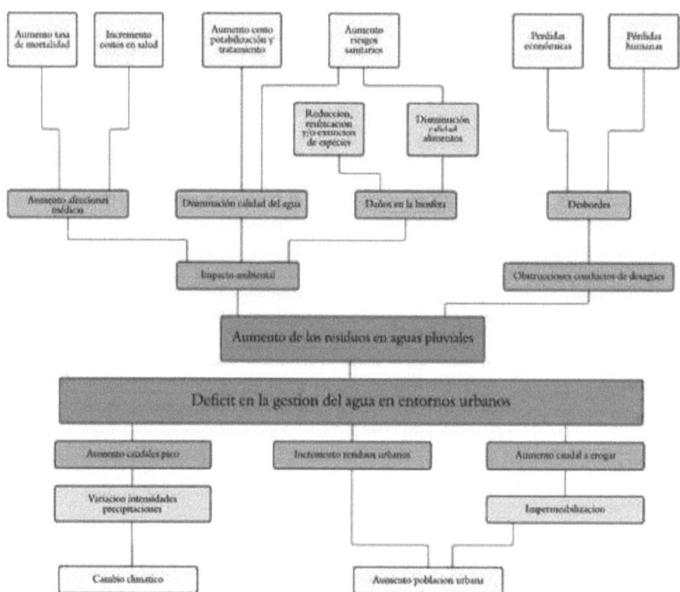

Figura n.º 15: Árvore de problemas

1.7 Árvore de objectivos

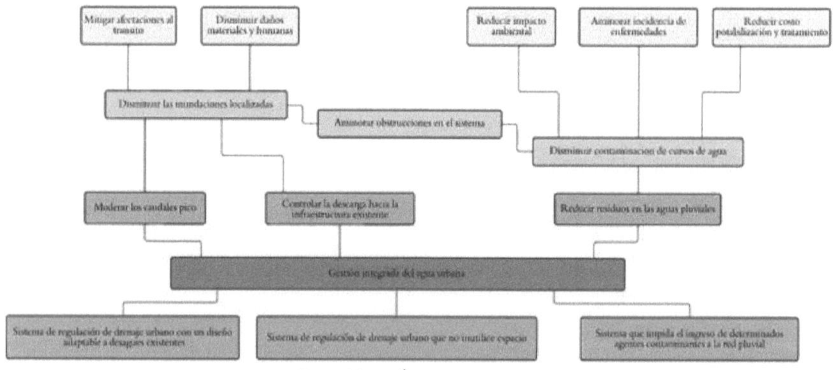

Figura Nº 16: Árvore de objectivos.

2. Análise de alternativas

Dado que a situação analisada apresenta uma grande variedade de problemas, que não podem ser resolvidos na sua totalidade com uma única intervenção, é efectuada uma análise para avaliar diferentes alternativas e obter a mais eficiente de acordo com os objectivos pretendidos.

Para o efeito, é utilizada uma matriz multicritério, concebida para quantificar e ponderar diferentes aspectos com base nos problemas colocados e na sua relação com cada alternativa. Isto resulta num posicionamento hierárquico das alternativas, que indicará a ordem de ação na qual as causas devem ser abordadas para fornecer uma solução eficiente para o problema global [17].

São explicados os critérios utilizados para a ponderação de cada item, as percentagens de incidência em relação ao total e a forma como a pontuação é estruturada.

<u>Impacto ambiental e sanitário:</u> este critério considera os efeitos positivos ou negativos produzidos por cada alternativa sobre a biodiversidade, a saúde pública, a poluição do solo e/ou da água, etc.

Pontuação 5: Influência elevada.

Pontuação 1: Baixa influência.

<u>Diminuição da probabilidade de transbordamentos: este</u> item analisa se a intervenção a efetuar tem algum efeito na capacidade de escoamento das águas pluviais. Será atribuída uma pontuação de 1 a 5.

Pontuação 5: Influência elevada.

Pontuação 1: Baixa influência.

<u>Obras a realizar:</u> a magnitude das obras previstas para a solução integral da causa representa as intervenções a realizar na cidade, as demolições, os tempos de trabalho e os custos associados ao investimento inicial, à manutenção, etc. É-lhe atribuída uma pontuação de 1 a 5.

Pontuação 5: baixa magnitude do trabalho.

Pontuação 1: Elevada magnitude do trabalho.

As alternativas para o problema são diversas e a maioria delas já foi descrita anteriormente. De seguida, analisamos diferentes intervenções possíveis que abordam o problema a partir de diferentes áreas, desde campanhas de sensibilização que não requerem qualquer construção até obras de drenagem que devem intervir numa grande parte da cidade.

Critérios Alternativas X.	Impacto ambiental e saúde [50%].	Diminuição da probabilidade de transbordos [30%].	Trabalhos a efetuar [20%].	Resultado
Redução de resíduos e poluentes nas águas pluviais com betão drenante	5		5	4.1
Expansão das infra-estruturas de águas pluviais	1	5	1	2.2
Maior superfície absorvente	1			
Construção de reservatórios				
Campanhas de sensibilização sobre resíduos urbanos, utilização responsável da água, etc.		1	1	

Quadro n.º 3: Matriz multicritério.

Capítulo III

Definição e explicação do projeto

1.   Seleção de alternativas

A alternativa escolhida e desenvolvida neste projeto baseia-se na aplicação de betão drenante, com o objetivo de ser utilizado como dispositivo de retenção de resíduos urbanos nas entradas dos esgotos e de regulação dos excedentes de águas pluviais, contribuindo para os reguladores existentes de acordo com o Decreto D.M.M. N°00701/13 da Câmara Municipal de Santa Fé.

Ao analisar o seu desempenho na redução do impacto ambiental da atual situação problemática, percebe-se que contribui consideravelmente para a redução da poluição das águas descarregadas, uma vez que impede a passagem da maioria dos resíduos urbanos para a rede pública de esgotos, evitando que sejam descarregados juntamente com as águas pluviais nos cursos de água receptores, além disso, o escoamento superficial contém geralmente sólidos em suspensão, compostos orgânicos e metais pesados, provenientes dos veículos, do ambiente circundante e do próprio pavimento, os pavimentos permeáveis purificam a água por retenção mecânica, adsorção física, reação química e biodegradação [18].

No que diz respeito à sua influência na redução da probabilidade de futuros transbordamentos, considera-se que, ao reduzir a entrada de objectos nas condutas do sistema de drenagem pluvial, se reduzem as obstruções produzidas pelos mesmos, Isto aumenta a secção disponível para a água ser canalizada para fora da cidade e, com a água retida nos seus poros, atrasa a entrada no sistema de uma percentagem do volume de precipitação, e quando o tempo está seco, os materiais do pavimento podem evaporar a água para o exterior.), características estruturais (porosidade), teor de água, etc. [18].

Verifica-se que as obras a realizar são de pequena dimensão, pois consistem na substituição das grelhas metálicas existentes por módulos de betão drenante. Esta operação requer uma intervenção mínima nas infra-estruturas existentes e não exige muito tempo, maquinaria ou mão de obra.

2.   Localização e situação atual da zona de intervenção

A sub-bacia escolhida para a intervenção está representada na figura seguinte (figura n.º 10), está localizada na bacia da Plaza España, que tem uma área de 161 hectares, localizada no centro da cidade de Santa Fé [13].

A partir do mapa fornecido pela Secretaria de Recursos Hídricos do Município de Santa Fé, a sub-bacia está localizada na rua San Martin, entre as ruas Lisandro de la Torre e Tucumán aproximadamente, na área onde só é permitido o tráfego de pedestres. A sub-bacia escolhida tem uma superfície de 3,81 hectares e o fator de impermeabilização do solo é de 100%, pelo que toda a água precipitada será transformada em escoamento superficial. O comprimento do projeto é de aproximadamente 360 metros.

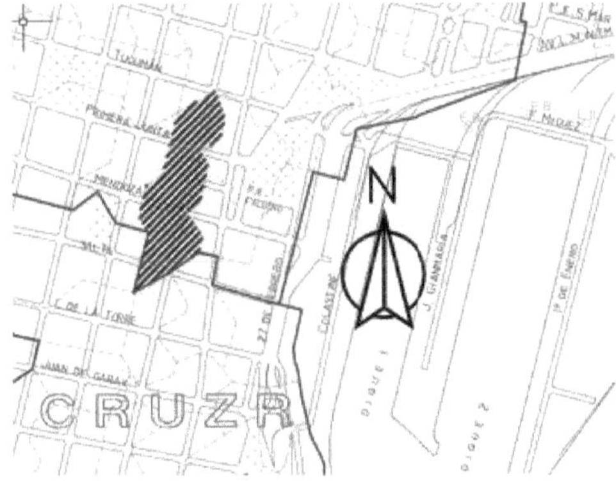

Figura N° 17: Diagrama da sub-bacia a intervir, plano geral de drenagem (Município de Santa Fé) [13].

Atualmente, o excesso de águas pluviais da rua pedonal de Santa Fé entra no sistema de drenagem pluvial através de pequenos canais superficiais, cobertos por grelhas metálicas com aberturas de 20 centímetros de largura por 2 centímetros de comprimento, que permitem a passagem de água e de uma grande quantidade de resíduos para os esgotos. Existe ainda o fenómeno de vandalismo e roubo das partes metálicas dos colectores públicos, problema que seria reduzido se fossem substituídas por módulos de betão [19].

Figura N° 18: Vista das grelhas de drenagem, passadeira pedonal de Santa Fé.
Figura N° 19: Vista das grelhas de drenagem, passadeira pedonal de Santa Fé.

3. Objectivos gerais e âmbito do projeto

O projeto é apresentado com base em vários benefícios que favoreceriam a população envolvida, e também se constata que o conhecimento do material (betão drenante) e as técnicas a utilizar para a sua produção e aplicação estão suficientemente desenvolvidos na cidade de Santa Fé para poder realizar o projeto.

O principal objetivo da presença de elementos de drenagem em betão na zona de entrada do excesso de águas pluviais na rede de drenagem é o de reduzir a entrada de resíduos urbanos na rede, evitando a sua deposição nos cursos de água naturais, melhorando a qualidade das águas descarregadas e reduzindo as obstruções e os trabalhos de manutenção na rede de drenagem.

Por outro lado, pretende-se também aumentar a durabilidade da estrutura de drenagem, propondo uma alternativa técnica e economicamente viável para substituir as grelhas de aço que devem ser protegidas periodicamente com tinta anti-ferrugem e são propensas a serem roubadas e/ou vandalizadas, enquanto os módulos projectados requerem menos manutenção e devido ao seu material (preço), à sua reduzida possibilidade de utilização noutro local, peso e dimensões reduzem a probabilidade de roubo.

Um terceiro objetivo da aplicação de módulos de betão drenante é contribuir para a redução dos odores e do ruído produzidos pelos esgotos, melhorando assim o conforto dos peões. Reduz consideravelmente a reprodução de animais, insectos e outros seres vivos nas proximidades da superfície, contribuindo para diminuir a probabilidade de doenças ou infecções por eles provocadas [16]. Da mesma forma, a utilização dos módulos projectados proporciona uniformidade de cor e materialidade na superfície pedonal, não sendo percebida como uma obra de drenagem e evitando também o visual dentro do esgoto. Proporciona também segurança aos peões, pois elimina os espaços vazios nas grelhas, onde podem cair objectos ou ocorrer acidentes.

Outra motivação é a redução do volume de água descarregada, baseada no facto de que o volume de vazios no betão drenante permite armazenar água, actuando como um regulador de caudal, colaborando assim com a já colapsada rede de drenagem pluvial da cidade de Santa Fé. Este volume de água retido não só será posteriormente libertado para as condutas, reduzindo os caudais de ponta, como também parte da água evaporará antes de entrar nos colectores, já que outra parte da água que chega ao betão drenante, cerca de 5 a 6%, será retida antes da evaporação como absorção de água no material [16]. Existe um precedente de um Trabalho de Conclusão de Curso de Engenharia Civil de Aguirre Diego e Argento Romina, intitulado "Betão drenante como regulador de excedentes de águas pluviais" no ano de 2021, no qual se estudou a possibilidade de utilizar este material como regulador de caudal em conformidade com o correspondente regulamento municipal.

Em suma, a alternativa proposta consiste numa camada de drenagem de betão concebida para ser colocada nas entradas do sistema de drenagem pluvial urbana, capaz de impedir a passagem de resíduos para as condutas, evitando assim obstruções nas mesmas e o impacto ambiental causado pela deposição de resíduos nos cursos de água, entre outros objectivos. Da mesma forma, devido à sua estrutura porosa, permite que a água da chuva seja armazenada no seu interior e evacuada gradualmente para os esgotos, regulando assim os caudais de ponta produzidos pelas chuvas. Os módulos serão concebidos para serem aplicados nas entradas dos cursos de água, entre outros objectivos.

os colectores de águas pluviais existentes no passeio pedonal da cidade de Santa Fé, permitindo a passagem de veículos ligeiros sobre os mesmos.

Será efectuado o desenho geométrico do módulo, a análise hidráulica para verificar a sua capacidade de fornecer o caudal necessário para a tempestade de projeto, a análise mecânica para verificar a sua resistência aos esforços previstos, a capacidade de filtração e o cálculo dos materiais necessários para a intervenção proposta, bem como uma estimativa dos tempos de trabalho, investimento necessário e comparação dos custos por metro quadrado com as estruturas disponíveis no mercado, a influência da colmatação, a durabilidade, entre outros aspectos relativos ao projeto.

Capítulo IV

O betão drenante como material

1. Panorama histórico.

A primeira utilização do betão permeável ocorreu no Reino Unido em 1852, com a construção de duas casas residenciais e um muro marítimo. A eficiência de custos parece ser a principal razão para a sua primeira utilização, dada a quantidade limitada de cimento utilizada. Este material consistia apenas em cascalho grosso e cimento e não foi mencionado na literatura publicada até 1923, quando um grupo de 50 casas de dois andares foi construído em Edimburgo, na Escócia, e o betão permeável ressurgiu como um material de construção viável. Em 1942, já tinha sido utilizado para construir mais de 900 casas [20].

A sua utilização cresceu de forma constante na Europa, especialmente durante a Segunda Guerra Mundial, uma vez que o betão permeável utiliza menos cimento do que o betão convencional e o cimento era escasso na altura, juntamente com as grandes necessidades de habitação, o que incentivou o desenvolvimento de novos métodos, ou métodos que não tinham sido utilizados anteriormente na construção de edifícios. Com o betão permeável, utilizava-se menos cimento por unidade de volume de betão em comparação com o betão convencional, e o material era vantajoso onde a mão de obra era escassa ou cara.

Na Alemanha, após a guerra, este sistema foi utilizado porque a eliminação de grandes quantidades de entulho de tijolo era um problema, o que levou à investigação das propriedades do betão permeável. Noutros países, a procura sem precedentes de tijolos e a subsequente incapacidade da indústria para assegurar um abastecimento adequado levaram à adoção do betão permeável como material de construção. O betão permeável continuou a ganhar popularidade e a sua utilização estendeu-se a zonas como a Venezuela, a África Ocidental, a Austrália, a Rússia e o Médio Oriente, tendo o primeiro relatório sobre a utilização de betão permeável na Austrália sido publicado no início de 1946. Após a Segunda Guerra Mundial, generalizou-se a sua utilização em aplicações como paredes ocas estruturais, painéis e blocos pré-fabricados, paredes estruturais para edifícios até 10 andares e painéis de enchimento em edifícios altos [21].

Foi também amplamente utilizado em edifícios industriais, públicos e domésticos nas zonas a norte do Círculo Polar Ártico, porque a utilização de materiais de construção tradicionais se revelou impraticável. Entre as desvantagens contam-se os elevados custos de transporte do tijolo, os riscos de incêndio da madeira e as fracas propriedades de isolamento térmico do betão simples.

Embora não seja uma tecnologia nova, o betão permeável tem recebido um interesse renovado nos Estados Unidos, em parte devido à legislação federal relativa à água limpa. A Regra Final da Fase II da Agência de Proteção do Ambiente dos EUA (EPA) exige que os operadores de todos os municípios em áreas urbanas desenvolvam, implementem e apliquem um programa para reduzir os poluentes no escoamento de águas pluviais provenientes de novos projectos de desenvolvimento e reconversão que afectem uma área igual ou superior a um acre (aproximadamente 0,4 [hectares]).

Este é um requisito para a obtenção de uma licença do Sistema Nacional de Eliminação de Descargas de Poluentes (NPDES). Entre outras estipulações, os municípios devem desenvolver e implementar estratégias que incluam uma combinação de melhores práticas de gestão (BMPs) estruturais e/ou não estruturais. O pavimento de betão permeável é reconhecido como uma BMP de estrutura de infiltração pela EPA, uma vez que proporciona o controlo

poluição e gestão das águas pluviais aquando da primeira descarga. Para além dos regulamentos federais, tem havido um forte movimento nos Estados Unidos no sentido do desenvolvimento sustentável, que pode ser definido como um desenvolvimento que satisfaz as necessidades da geração atual sem comprometer as necessidades das gerações futuras [20].

2. Definição, principais propriedades e utilizações.

2.1.Definição.

O betão permeável é um betão de elevada porosidade cuja mistura consiste em agregado grosso, cimento, água, aditivos e pouco ou nenhum agregado fino. Os agregados são completamente cobertos por pasta de cimento e estão ligados uns aos outros. A quantidade de argamassa de cimento é, no entanto, tão baixa que os espaços entre os agregados não são completamente preenchidos, preservando a interconectividade dos poros, permitindo o fluxo de água ou outros líquidos através da estrutura.

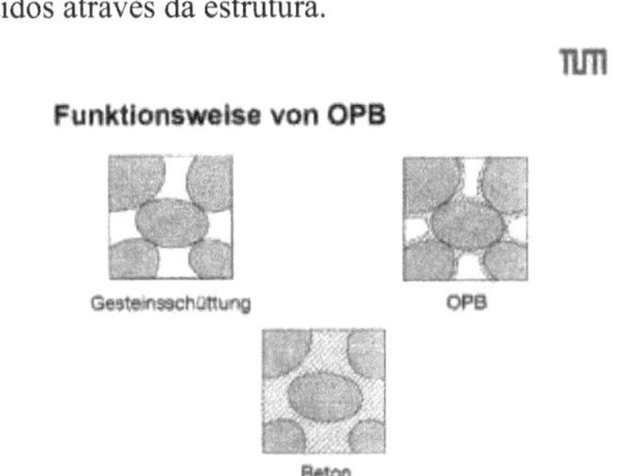

Figura n.º 20: Comparação da estrutura interna dos agregados soltos, do betão celular e do betão simples [22].

A figura 21 mostra que, ao adicionar uma camada de pasta de cimento aos agregados soltos, os agregados são ligados entre si de tal forma que a estrutura é fixa e os poros permanecem interligados, diferindo do betão comum na medida em que este último preenche completamente os vazios com pasta de cimento.

2.2. Propriedades principais.

As características fundamentais procuradas no betão permeável que modificam o seu desempenho para as diferentes aplicações em que são utilizados são a dimensão e o tipo de pedra, o rácio água-cimento, o índice de vazios, a resistência à compressão, a resistência à flexão, etc., o módulo de elasticidade, a densidade e a taxa de infiltração, entre outras, como o tamanho médio dos poros, a consistência, etc.

Estes dados podem ser extraídos do quadro seguinte e serão tidos em conta na conceção da estrutura de acolhimento relativa ao projeto.

TUM

Offenporiger Beton: Lärmmindernde Fahrbahndecken

Quelle: heidelbergcement

Festigkeitsklasse	C20/25 - C25/30		Richtwerte	Prüfergebnisse
Gesteinskörnung	gGK 5/8 mm, WS (Splitt) fGK 0/2 mm (Quarzsand)		1450 - 1600 kg/m³ 50 - 70 kg/m³	1464 kg/m³ 68 kg/m³
Zement	CEM I 32,5 R / -42,5 N oder R		300 - 350 kg/m³	350 kg/m³
Wasser	(Frischwasser)		35 - 40 kg/m³	40 kg/m³
Polymerdispersion	18 - 20 M.-% v. Z.		60 - 70 kg/m³	62 kg/m³
Zusatzmittel	FM (ggf. VZ)		1 - 3 kg/m³	1 kg/m³
w/z-Wert			0,27 - 0,30	0,29
Fasern	PAN, PVA, AR-Glas (6-12 mm)		2 kg/m³	2 kg/m³
Konsistenz		v	1,30 - 1,34 (C1)	1,29 (C1)
Hohlraumgehalt	(Tauchw. DIN EN 12390-7)	P	18 ± 3 Vol.-%	15 Vol.-%
Druckfestigkeit		$f_{ck,cube}$	≥ 25 MPa	32,4 MPa
Biegezugfestigkeit		$f_{ct,fl}$	≥ 4,5 MPa	5,1 MPa
Spaltzugfestigkeit		$f_{ct,sz}$	≥ 2,7 MPa	3,4 MPa
statischer E-Modul		E_{cm}	20000 - 24000 MPa	20900 MPa
Rohdichte Festbeton		ρ_{cm}	1,90 - 2,15 kg/dm³	2,07 kg/dm³

Figura N° 21: Tabela de valores associados aos betões porosos. Cátedra Betão Especial. Universidade Técnica de Munique 2019. [22]

TUM

Hormigón poroso: Pavimentos con disminución de ruidos

Quelle: heidelbergcement

Tipo de resistencia	C20/25 - C25/30		Valor de referencia	Resultados
Tamaño de agregado	gGK 5/8 mm, WS (Splitt) fGK 0/2 mm (Quarzsand)		1450 - 1600 kg/m³ 50 - 70 kg/m³	1464 kg/m³ 68 kg/m³
Tipo de cemento	CEM I 32,5 R / -42,5 N oder R		300 - 350 kg/m³	350 kg/m³
Agua	(Frischwasser)		35 - 40 kg/m³	40 kg/m³
Polímero de disperción	18 - 20 M.-% v. Z.		60 - 70 kg/m³	62 kg/m³
Aditivo	FM (ggf. VZ)		1 - 3 kg/m³	1 kg/m³
Relación agua cemento			0,27 - 0,30	0,29
Fibras	PAN, PVA, AR-Glas (6-12 mm)		2 kg/m³	2 kg/m³
Consistencia		v	1,30 - 1,34 (C1)	1,29 (C1)
Contenido de vacíos	(Tauchw. DIN EN 12390-7)	P	18 ± 3 Vol.-%	15 Vol.-%
f'c		$f_{ck,cube}$	≥ 25 MPa	32,4 MPa
Resistencia a flexión		$f_{ct,fl}$	≥ 4,5 MPa	5,1 MPa
Resistencia a corte		$f_{ct,sz}$	≥ 2,7 MPa	3,4 MPa
Módulo de Young		E_{cm}	20000 - 24000 MPa	20900 MPa
Densidad		ρ_{cm}	1,90 - 2,15 kg/dm³	2,07 kg/dm³

Figura N° 21.1: Tabela traduzida dos valores associados aos betões porosos. Cátedra Betão Especial. Universidade Técnica de Munique 2019. [22]

Das tabelas anteriores, serão extraídos como referência os dados relativos ao módulo de elasticidade, à resistência à flexão e à resistência ao cisalhamento, que serão tidos em conta na conceção da estrutura de receção relativa ao projeto e na sua avaliação mecânica.

Módulo de elasticidade: 20000 - 24000 [Mpa].

Relação água-cimento: 0,27 - 0,3.

A Figura N°22 mostra a relação entre a relação água/cimento e o índice de vazios de uma mistura de betão drenante (com teores constantes de cimento e agregados) em dois níveis de compactação diferentes. A experiência demonstrou que os rácios água/cimento entre 0,26 e 0,45 proporcionam uma boa cobertura dos agregados e uma boa estabilidade da pasta.

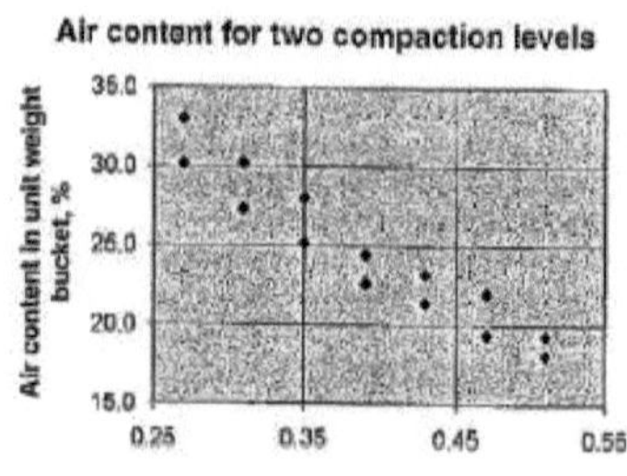

Índice de vazios: entre 18 ± 3 Vol.-%.

¹Densidade: $1,90 -2,15 \left[\frac{kg}{dm^3}\right]$.

A densidade do betão fresco drenado pode ser determinada pelo método ASTMC1688/C1688M "Standard Test Method for Density and Void Content of Freshly Mixed Pervious Concrete", e está diretamente relacionada com o teor de vazios de uma determinada mistura.

Existem dois métodos adicionais para determinar a porosidade do betão endurecido. O primeiro método envolve um procedimento volumétrico no qual a massa de água que enche uma amostra de betão drenado selado é convertida num volume equivalente de poros. No segundo método, é utilizado um procedimento de análise de imagem em amostras que foram impregnadas com um epóxi de baixa viscosidade.

A porosidade acessível é uma função do tamanho dos agregados e das quantidades relativas dos diferentes tamanhos na mistura.

O índice de vazios depende muito de vários factores: gradação dos agregados, teor de material cimentício, relação água/cimento e esforço de compactação.

A influência da gradação dos agregados na porosidade das amostras preparadas em laboratório é apresentada na Figura 23.

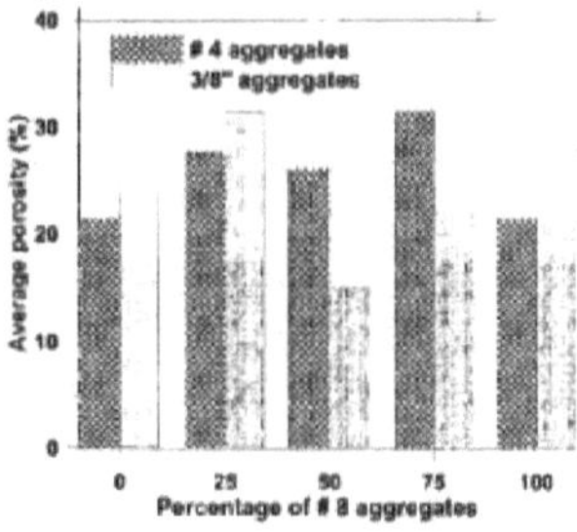

Figura n.º 23: Influência da gradação dos agregados na porosidade [23].

Observou-se que o betão com uma menor dimensão dos agregados e uma maior quantidade de vazios tem um melhor efeito de purificação do ar e da água devido ao aumento da superfície específica do material. Por outro lado, uma vez que a infiltração e a retenção são conceitos contraditórios, é necessário coordenar a relação entre eles, tendo-se verificado que os betões drenantes com agregados de menor dimensão podem relacionar eficazmente os dois conceitos.

valores de infiltração e retenção, permitindo que a água passe através da estrutura mas com uma boa taxa de retenção [16].

Resistência à compressão: > 25 [Mpa].

A resistência à compressão deste tipo de betão é fortemente afetada pela proporção da mistura e pelo esforço de compactação durante a colocação.

A figura n.º 24 mostra a relação entre a resistência à compressão e o teor de vazios.

O gráfico tem origem numa série de ensaios laboratoriais em que foram utilizados dois tamanhos de agregado grosso e as forças de compactação e a gradação do agregado foram variadas. A Figura 25 ilustra a relação entre a resistência à compressão e o peso unitário.

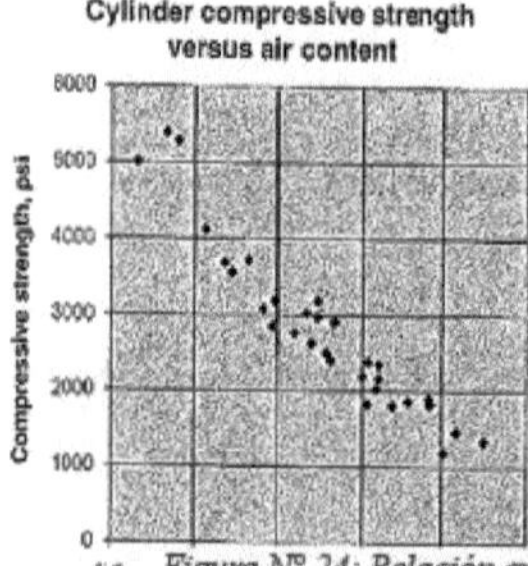

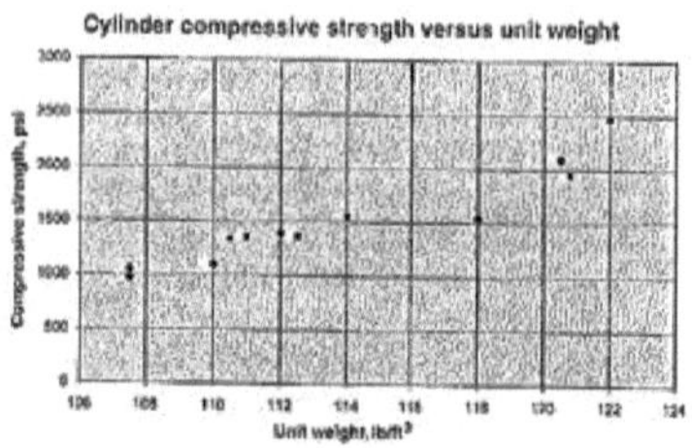

Figura N° 25: Relación entre el peso unitario y la resistencia a compresión [23].

Figura N° 24: Relación entre el contenic y la resistencia a compresión [23].

Figura n.º 24: Relação entre o teor de vazios e a resistência à compressão [23].
Figura n.º 25: Relação entre o peso unitário e a resistência à compressão [23].

<u>Resistência à flexão:</u> > 4,5 [Mpa].

A figura n.º 26 mostra a relação entre a resistência à flexão do betão drenado e o teor de vazios com base nas amostras de vigas analisadas na mesma série de ensaios laboratoriais descritos na figura n.º 24.

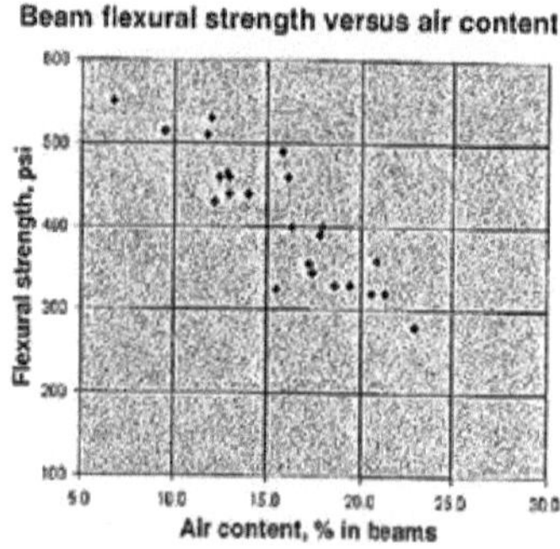

Figura N° 26: Relação entre o teor de vazios e a resistência à flexão [23].

<u>Tamanhos de poros:</u>

Para obter poros de maiores dimensões no material, recomenda-se a utilização de agregados de maiores dimensões. As Figuras n.º 27 e n.º 28 representam a influência nas dimensões dos poros do betão da mistura de duas dimensões diferentes de agregados em proporções variáveis e de uma dimensão de agregado, respetivamente.

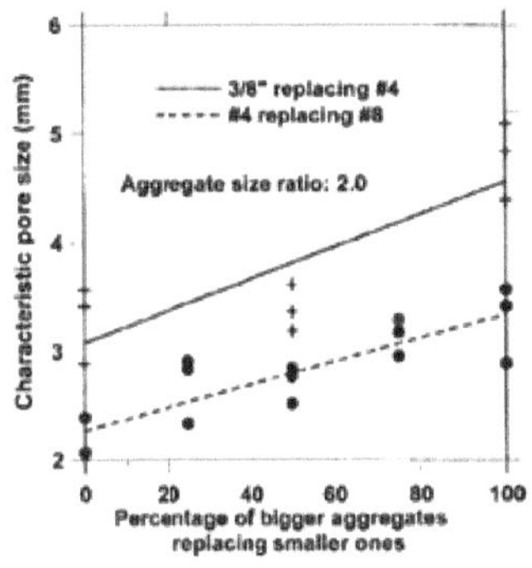
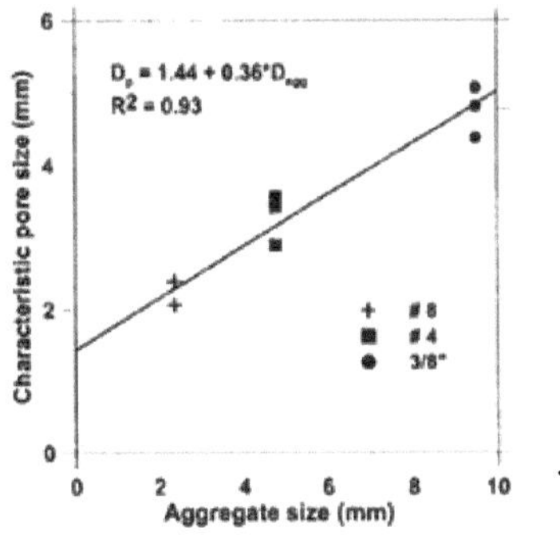

Figura n.º 27: Influência da dimensão dos agregados na dimensão dos poros [23].
Figura n.º 28: Influência da dimensão dos agregados na dimensão dos poros [23].

A substituição dos agregados mais pequenos por uma percentagem crescente de agregados maiores aumenta o tamanho dos poros, porque as partículas mais grossas introduzidas podem não caber no vazio deixado pelas partículas mais finas removidas.

$\left[\dfrac{L}{min \, x \, m^2}\right]$ [24]. Taxa de infiltração: entre 80 e 720 [24].

Uma das características mais importantes do betão drenante é a sua capacidade de filtrar a água através da matriz. A taxa de infiltração está diretamente relacionada com o teor de vazios. A Figura n.º 29 mostra a relação entre o teor de vazios e a taxa de infiltração. Uma vez que esta taxa aumenta à medida que o teor de vazios aumenta e, consequentemente, a resistência à compressão diminui, o desafio da conceção da mistura é conseguir um equilíbrio entre uma taxa de percolação aceitável e a resistência à compressão.

Para além da porosidade e da dimensão dos poros, um fator crucial que influencia a permeabilidade é o grau de conetividade da rede de poros. Não existe uma metodologia simples para medir a conetividade dos poros, mas prevê-se que a utilização de técnicas como a tomografia computorizada de raios X conduza a uma determinação exacta deste parâmetro.

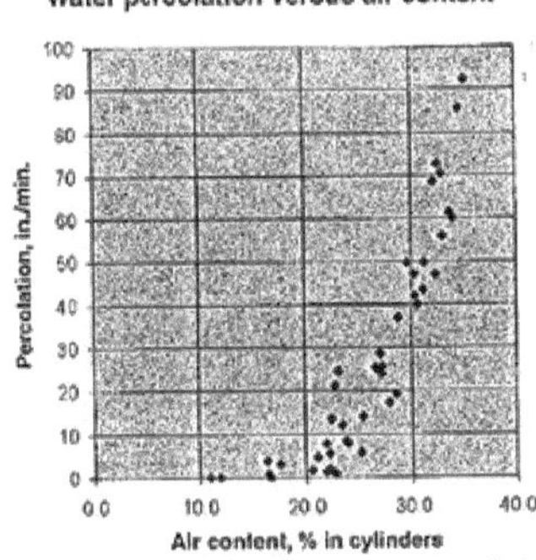

Figura n.º 29: Relação entre o índice de vazios e a taxa de infiltração [23].

<u>Absorção do som:</u> Devido à presença de um grande volume de poros interligados de tamanho considerável no material, o betão drenante é altamente eficaz na absorção do som. Os poros absorvem o som através da fricção interna entre as moléculas de ar em movimento e as suas paredes. As variáveis que influenciam o grau de absorção sonora são o teor de vazios, a

tortuosidade e a espessura da camada. O gráfico seguinte mostra o grau de absorção α para uma amostra de betão drenante e diferentes frequências.

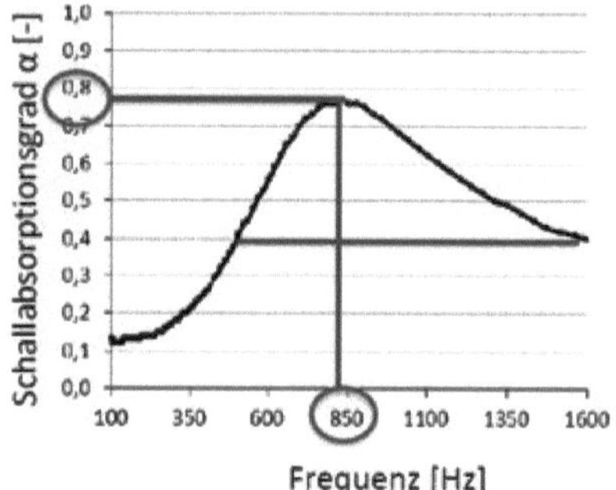

Frequência [Hz]

Figura N° 30: Relação entre o grau de absorção sonora do betão drenante a diferentes frequências sonoras [22].

Cada um destes parâmetros será determinante na conceção de uma mistura em função da aplicação do material em cada projeto. Para garantir que as misturas tenham um determinado desempenho, devem ser utilizados materiais que atendam aos requisitos estabelecidos pelas normas e devem ser seguidos os métodos de dosagem aprovados pelas normas. Os parâmetros para os materiais utilizados e os métodos de dosagem são desenvolvidos nos itens seguintes.

2.3. Materiais.

Os seguintes requisitos detalhados para cada um dos componentes utilizados na mistura de betão drenante baseiam-se no ACI 522R-10 (2011) [23].

Agregados: Normalmente, os agregados grossos são de tamanho único ou classificados entre 3/4" e 3/8" (19 e 9,5 mm) e devem cumprir os requisitos das normas ASTM D448 "Standard Classification for Sizes of Aggregate for Road and Bridge Construction" e ASTM C33/C33M "Standard Specification for Concrete Aggregates".

Os agregados finos não são normalmente utilizados em misturas de betão drenante porque tendem a comprometer a ligação do sistema de poros. A sua adição pode aumentar a resistência e a densidade, mas consequentemente reduz a taxa de infiltração de água através da massa de betão. A qualidade do agregado é tão importante como no betão convencional, devendo evitar-se as partículas em forma de agulha e as agulhas. O agregado deve ser duro e isento de revestimentos, tais como poeiras ou argila ou outros produtos químicos absorvidos que possam afetar negativamente a pasta ou a hidratação do cimento.

O peso unitário do agregado deve ser determinado de acordo com a norma ASTM C29/C29M "Standard Test Method for Bulk Density ("Unit Weight") and Voids in Aggregate". A humidade do agregado no momento da mistura é importante, a absorção deve ser satisfeita através do acondicionamento da pilha de material, conforme necessário, para atingir uma condição de superfície saturada e seca (SSD). Caso contrário, um agregado seco pode resultar numa mistura com falta de trabalhabilidade para colocação e compactação. Por outro lado, os agregados excessivamente húmidos podem contribuir para a drenagem da pasta, causando o entupimento intermitente da estrutura de vazios pretendida.

Cimento: o aglutinante principal é o cimento Portland, de acordo com as normas ASTM

C150/C150M "Standard Specification for Portland Cement", C595/C595M "Standard Specification for Blended Hydraulic Cements" ou C1157/C1157M "Standard Performance Specification for Hydraulic Cement".

Quando são utilizadas cinzas volantes, escórias de alto-forno ou sílica de fumo, estas devem cumprir os requisitos das normas ASTM C618 "Standard Specification for Coal Fly Ash and Raw or Calcined Natural Pozzolan for Use in Concrete", C989 "Standard Specification for Slag Cement for Use in Concrete and Mortars" e C1240 "Standard Specification for Silica Fume Used in Cementitious Mixtures", respetivamente.

Água: Aplicam-se os mesmos requisitos que ao betão convencional. A água reciclada só pode ser utilizada se estiver em conformidade com as normas ASTM C94/C94M "Standard Specification for Ready-Mixed Concrete" ou AASHTO M-157 "Standard Specification for Ready-Mixed Concrete".

Adjuvantes: os adjuvantes devem cumprir os requisitos da norma ASTM C494/C494M "Standard Specification for Chemical Admixtures for Concrete".

As gradações descritas podem ser equiparadas às gradações indicadas nas normas do IRAM, ASTM D448 "Standard Classification for Sizes of Aggregate for Road and Bridge Construction" e ASTM C33 "Standard Specification for Concrete Aggregates" são análogas a IRAM 1627 "Agregados. Granulometria dos agregados para betão" e IRAM 1531 "Agregado grosso para betão de cimento. Requisitos e métodos de ensaio" e IRAM 1512 "Agregado fino para betão de cimento. Requisitos", respetivamente.

Outras equivalências a normas nacionais são enumeradas a seguir, dado que existem normas ASTM análogas na Argentina.

- Para a determinação do PUV, utiliza-se a norma IRAM 1548 "Aggregates. Determinação da densidade aparente e dos vazios", análogo à ASTM C29.
- A norma nacional que estabelece a definição e os requisitos dos cimentos de uso geral é a IRAM 50000 "Cimentos. Cimentos de uso geral. Composição e requisitos".
- A norma que estabelece os requisitos para a água é a IRAM 1601 "Água para argamassas e betões de cimento".
- A norma nacional que estabelece os requisitos para os aditivos químicos para betão é a IRAM 1663 "Betão de cimento. Adjuvantes químicos".

2.4. Método de dosagem.

Tal como no caso de outros betões, tanto convencionais como com propriedades especiais, existem vários métodos para o dimensionamento de betões drenantes, neste trabalho apenas será desenvolvido o método correspondente ao ACI-522R-10 "Specification for Pervious Concrete Pavement" estabelecido pelo American Concrete Institute (ACI) [23].

Para este método, o termo "betão drenante" descreve misturas com abatimento praticamente nulo e estrutura aberta, consistindo em cimento Portland, agregados grossos e pouca ou nenhuma presença de agregados finos, aditivos químicos e água. A combinação destes ingredientes produzirá um material endurecido com poros ligados, com dimensões entre 2 e 8 mm, que permite a passagem fácil da água. Como é caraterístico dos projectos propostos pelo ACI, as definições do método são baseadas numa série substancial de experiências. Desta forma, são estabelecidas relações entre as proporções da mistura, as características dos materiais e as propriedades resultantes da mistura.

Para efetuar a dosagem através deste método, é necessário estabelecer alguns dos seguintes parâmetros necessários:

A) Compactação: Boa ou ligeira.

B) Conteúdo vazio.

C) Relação água/cimento.

D) Agregado grosso: Devem estar disponíveis dados sobre a dimensão, o peso unitário, a gravidade específica e a absorção.

E) Agregado fino.

O primeiro passo é escolher a percentagem de agregado fino a ser utilizado e um tamanho de agregado grosso, com estes dados a relação b/b0 é selecionada da tabela "6.1 Valores efectivos de b/b0" fornecida pela norma, onde b é o volume sólido de agregado grosso num volume unitário de betão e b0 é o volume sólido de agregado grosso num volume unitário de agregado grosso. Este parâmetro é então utilizado para afetar o peso unitário do agregado grosso, assim:

$$P_{agr} = Peso\ Unitario\ \left(\frac{kg}{m^3}\right).\left(\frac{b}{b_0}\right).1[m^3] PESO\ SECO\ DE\ AGREGADO\ GRUESO \quad (Ecuación\ 1)$$

Na etapa seguinte, o Pagr previamente obtido é ajustado ao peso saturado da superfície seca utilizando a percentagem de absorção.

$$P_{agr-ssd} = P_{agr}[kg].(1 + \%Abs) \rightarrow PESO\ SSD\ DE\ AGREGADO\ GRUESO \quad (Ecuación\ 2)$$

O volume de pasta, em percentagem, é então determinado utilizando a Figura 6.3 fornecida pela norma, que é introduzida com a percentagem de vazios necessária até se atingir a curva de compactação escolhida (Boa ou Ligeira).

[3]Obtém-se então o volume de pasta para 1 [m] de betão:

$$V_{pasta} = 1[m^3].\left(\frac{\%Pasta}{100\%}\right) \rightarrow VOLUMEN\ DE\ PASTA \quad (Ecuación\ 3)$$

Com o volume de pasta obtido pela Equação 4, o teor de cimento "C" é determinado através da Equação 6 - 1 fornecida pela norma.

$$V_{pasta} = \frac{C}{\rho_{cemento}} + \frac{\frac{A}{C}.C}{\rho_{agua}} \quad (Ecuación\ 4)$$

Onde: ρ = densidade, em $\left[\frac{kg}{m^3}\right]$

A = teor de água, em [kg].

C = teor de cimento, [kg].

A/C = relação água/cimento escolhida.

Uma vez obtido o "C", determina-se o teor de água, o volume de agregados, cimento e água e, finalmente, o volume de sólidos:

$$A = \frac{A}{C}.C \quad \rightarrow \quad CONTENIDO\ DE\ AGUA \qquad\qquad (Ecuación\ 5)$$

$$V_{agr} = \frac{P_{agr-ssd}}{\rho_{agr}.C} \quad \rightarrow \quad VOLUMEN\ AGREGADO\ GRUESO \qquad (Ecuación\ 6)$$

$$V_{cemento} = \frac{C}{\rho_{cemento}} \quad \rightarrow \quad VOLUMEN\ CEMENTO \qquad (Ecuación\ 7)$$

$$V_{agua} = \frac{A}{\rho_{agua}} \quad \rightarrow \quad VOLUMEN\ AGUA \qquad (Ecuación\ 8)$$

$$V_{solidos} = V_{agr} + V_{cemento} + V_{agua} \quad \rightarrow \quad VOLUMEN\ TOTAL\ DE\ SOLIDOS \quad (Ecuación\ 9)$$

[3]O passo seguinte é determinar o volume de vazios para verificar o valor inicial adotado, considerando um volume total Vtotal de 1[m].

$$\%V = \frac{(V_{total} - V_{solidos})}{V_{total}}.100 \quad \rightarrow \quad VOLUMEN\ DE\ VACIOS \qquad (Ecuación\ 10)$$

Por fim, a porosidade estimada é verificada através da *Figura 6.1* fornecida pela norma, a partir da qual se estima a taxa de infiltração.

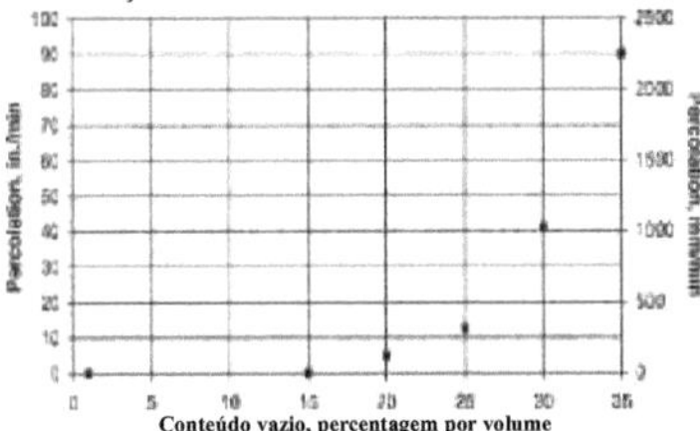

Figura N° 31: Índice de vazios mínimo para a percolação nos ensaios NAA-NRMCA. Figura 6.1 Norma ACI 522R-10 [23].

2.5. Utilizações.

O betão para drenagem é atualmente utilizado para uma grande variedade de aplicações, incluindo as seguintes:

<u>Pavimentação permeável:</u>

Quando chove, o automóvel provoca uma desagradável névoa de pulverização na retaguarda, que pode afetar a visibilidade do condutor que segue atrás e, quando a água não flui suficientemente depressa na estrada, pode ocorrer o perigoso efeito de *aquaplanagem*. Para evitar esta situação, foram desenvolvidos pavimentos permeáveis à água, feitos de betão drenante.

Neste caso, não se forma uma película de água na superfície da estrada e a água da chuva pode infiltrar-se no local com uma camada de base de drenagem de betão adequada, diminuindo assim o risco induzido por uma estrada molhada. Além disso, as estradas e os caminhos podem ser construídos sem sobreelevação (sobreelevação hidráulica), deixando a superfície de betão drenante plana e inclinando a camada impermeável inferior, o que conduzirá a água para longe da estrutura do pavimento.

Figuras n.ºs 32 e 33: Construção de uma estrada de betão permeável [25].

Figura n.º 34: Demonstração da capacidade de infiltração do betão drenante [22].

<u>Purificação da água:</u>

O desenvolvimento dos terrenos tem um impacto negativo na quantidade e na qualidade do escoamento superficial que chega aos cursos de água naturais. Quando as superfícies naturais (como relvados e árvores) são substituídas por estruturas impermeáveis, como parques de estacionamento e ruas, perde-se o papel de retenção de água do solo e da vegetação, o que conduz a inundações, danos por erosão nos canais de escoamento, diminuição da recarga das águas subterrâneas e degradação do ecossistema. Estas mesmas estruturas impermeáveis podem transportar os muitos poluentes depositados nas zonas urbanas, como nutrientes, sedimentos, bactérias, pesticidas, cloretos, hidrocarbonetos, etc. [26]. [26].

Estes poluentes criam um problema ambiental em lagos urbanos, rios e zonas húmidas perto das grandes cidades. A purificação da água utilizando betão drenante ocorre por oxidação de contacto entre cascalhos, onde o biota formado nas superfícies interiores dos vazios contínuos fornece uma função adicional de biopurificação [27].

Também actua como um filtro, permitindo que a água passe através da sua estrutura, mas impedindo que os sólidos maiores do que o tamanho dos seus poros entrem nas estruturas de drenagem ou no solo natural, actuando como um filtro de gravidade.

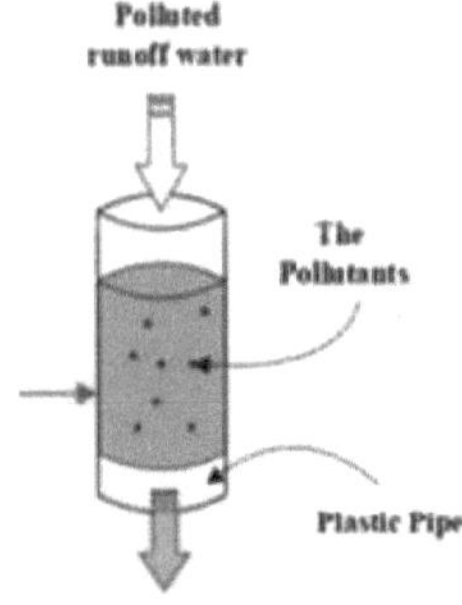

Figura n.º 35: Vista esquemática de um provete de betão permeável e do procedimento de tratamento das águas de escoamento [28].

<u>Absorção de ruído:</u>

Os pavimentos de betão drenante também reduzem significativamente o ruído de rolamento dos pneus e podem contribuir para a proteção do ruído nas cidades, estradas e auto-estradas. Foi detectada uma diminuição de até 5 [dB].

Figura n.º 36: Equipamento de som localizado para o ensaio de absorção sonora [22].

<u>Bancos:</u>

Para obter melhores bermas, utilizando menos material e, por conseguinte, a um custo inferior, pode ser utilizado betão drenante. Este betão não acumula água, proporcionando uma superfície com atrito suficiente em todas as circunstâncias.

Figura n.º 37: Estrada com berma de betão drenante. Projeto-piloto em Aatal, Münster [22].

<u>Drenagem de grandes superfícies:</u>

Em zonas como parques de estacionamento e praças impermeáveis, pode acumular-se uma grande quantidade de água durante a precipitação, obrigando a que a estrutura seja concebida com declives para canalizar a água, depois drenos, etc. Além disso, diminui o atrito da superfície, causando incómodos aos veículos e aos peões.

A imagem seguinte mostra como a superfície construída com betão drenante (em baixo) permanece seca e livre de acumulação de água.

Figura n.º 38: Estacionamento com betão permeável e betão simples [29].

<u>Redução do escoamento superficial e da recarga dos aquíferos:</u>
A diminuição do caudal deve-se ao fenómeno de retenção, que é a capacidade de armazenar humidade na superfície para ser removida por evaporação.

A recarga do aquífero é determinada pela capacidade de infiltração, que determina se o material do pavimento permite que a água passe através da sua estrutura e se infiltre no solo. Se isto for feito com o objetivo de reduzir a água lançada no sistema de esgotos, também reduz o escoamento superficial, diminuindo o pico de fluxo e reduzindo a probabilidade de inundações.

A infiltração e a retenção são propriedades opostas, pelo que é necessário conceber a mistura com uma boa relação entre as duas [18].

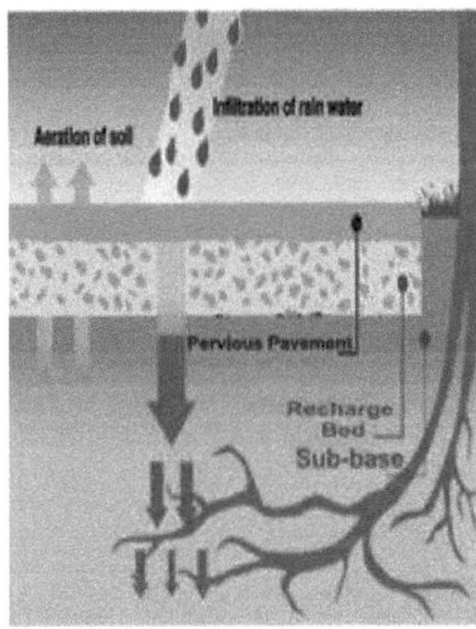

Figura n.º 39: Mecanismo de infiltração de água para recarga de águas subterrâneas [18].

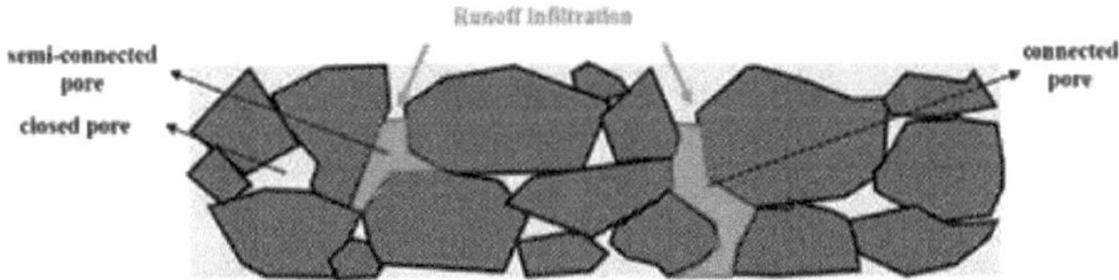

Figura n.º 40: Estrutura interna do betão drenante, verifica-se que a água pode ser retida em poros fechados [18] (o líquido é também retido por tensão superficial quando adere à superfície do material, que, tendo uma grande superfície específica, armazena uma grande quantidade de água).

3. Características-chave para a utilização prevista.

A estrutura proposta para este projeto tem como objetivo limitar a quantidade de sólidos que entram nos esgotos, permitindo a passagem da água precipitada durante a tempestade de projeto. As propriedades determinantes para este fim são o tamanho caraterístico e máximo dos poros, através dos quais é possível saber que tamanho de sólidos pode ser retido, e a permeabilidade ou taxa de infiltração, um fator que indica a capacidade de infiltração da estrutura. A taxa de infiltração deve ser indicada, pois uma maior porosidade não garante uma maior permeabilidade, uma vez que a permeabilidade é função da área de vazios, do tamanho dos vazios e da sua distribuição [30].

Com estes três parâmetros, é possível conceber a estrutura e saber qual será o seu desempenho quando for avaliada.

Uma vez definidas as características do betão permeável a utilizar e a utilização prevista do material, os termos "betão drenante" e "betão permeável" serão doravante utilizados indistintamente.

4. Mistura a utilizar desenvolvida pelo CECOVI.

Os valores são obtidos a partir de ensaios laboratoriais efectuados pelo Centro de Investigación y Desarrollo para la Construcción y la Vivienda (CECOVI) da Universidad Tecnológica Nacional, Facultad Regional Santa Fe [12]. Para além dos dados seguintes, foram obtidas misturas com teores de vazios que variam entre 17,6 e 41% e com resistências à compressão entre 2,4 e 17,8 [Mpa] aos 7 [dias] e entre 3,5 e 19,8 [Mpa] aos 28 [dias].

Dosagem final		
COMPONENTES	VALOR	UNIDADE
Rácio água/cimento (A/C)	0,35	-
Cimento	362	kg
Água		kg
Agregado grosso (PG 3-9)	1567	kg
Agregado fino	0	kg
Volume de vazio teórico (V $_{vt}$)		%
PUV Teórico	2056	kg/m3

Quadro n.º 4: Dosagem da mistura utilizada.

Tubo de ensaio	a/c	Resistência à compressão	
		7 dias	28 dias
		Mpa	Mpa
FA	0,35	7,15	9,66
FB	0,35	6,5	8,25

Tabela n.º 5: Valores de resistência à compressão simples.

Tubo de ensaio	a/c	Largura (b)	Elevado (h)	Divisões (d)	P=C.d	P=C.d	M	Módulo de rutura
		m	m		kg	MN	Mpa	Mpa
FA	0,35	0,1515	0,1535	870	1,331,100	0,013	1,69	1,89
FB	0,35	0,1525	0,1535	1090	1,667,700	0,017	2,1	

Quadro n.º 6: Resultados da resistência à tração por flexão.

Tubo de ensaio	Volume aparente	Densidade aparente seca	Volume de vazios	Percentagem de vazio	Absorção	Percentagem média de vazio	Absorção média
	cm3	g/cm3	cm3	%	%	%	%
FA	3523	1,857	875,75	19,91	6,49	18,33	6,44
FB	2786,5	1,917	560,36	16,74	6,39		

Quadro n.º 7: Determinação do índice de vazios e da absorção.

Tubo de ensaio	Pi	Pf	t1	t2	t3	t4	Média	K
	g	g	s	s	s	s	s	cm/s
FDM1	1470,5	1786	6,69	7,09	6,56	6,88	6,92	1,49
FDP1	2015,5	2064,65	7,75	7,28	8,12	7,94	8,67	1,31

Quadro n.º 8: Determinação da permeabilidade.

Das tabelas anteriores, serão extraídos como referência os dados de resistência à compressão, dimensão do agregado grosso, permeabilidade, densidade, módulo de rutura e relação água-cimento, que serão tidos em conta no dimensionamento da estrutura de receção relativa ao projeto (juntamente com outros valores), e que servirão também para efetuar os cálculos necessários para conhecer o desempenho da estrutura e para definir os modelos numéricos analisados.

Capítulo V
Conceção do módulo

1. Estrutura atual.

Dado que a atual estrutura de captação na passagem pedonal de Santa Fé tem 20 cm de largura e 30 [cm] de profundidade na sua secção mais baixa, aumentando de acordo com a direção do declive, procurar-se-á conceber uma estrutura que se adapte a esta geometria, de forma a realizar a menor intervenção possível, reduzindo custos e tempo de construção. O objetivo é conceber uma estrutura que se adapte a esta geometria, de modo a realizar a menor intervenção possível, reduzindo os custos e o tempo de construção.

Figura n.º 41: Vista das grelhas de drenagem, passadeira pedonal de Santa Fé.

2. Alternativas de intervenção com betão drenante.

Para substituir as grelhas existentes, poderia ser colocada uma laje fina de betão drenante cobrindo toda a superfície do canal, mas dada a baixa resistência à tração e a impossibilidade de colocar armaduras, esta opção está excluída. As armaduras não podem ser colocadas porque ficariam expostas ao ar e à água devido à presença de vazios interligados na estrutura do material, o que provocaria a sua deterioração. Embora a opção de utilizar armaduras protegidas, de aço inoxidável ou de outro material, possa ser considerada, a ligação não seria suficiente para transferir as tensões do betão para o aço e vice-versa. Isto deve-se à baixa quantidade de pasta de cimento, suficiente apenas para cobrir os agregados, o que deixaria o aço ligado apenas nos pontos de contacto com os agregados.

Outra opção seria a colocação de betão drenante sobre todo o volume do canal existente. Isto implicaria um escoamento horizontal da água no interior da matriz do material, pelo que teria de ser garantida uma permeabilidade na direção horizontal suficiente para proporcionar o caudal necessário. Outra desvantagem desta alternativa é a colmatação, pois ao preencher completamente o espaço com betão drenante, a face inferior ficaria em contacto com o solo do canal (impermeável) permitindo a acumulação contínua de sedimentos, diminuindo gradualmente a permeabilidade. Por último, salienta-se que o custo seria elevado, tendo em conta o volume de material a utilizar e o controlo de qualidade que teria de ser efectuado para garantir que toda a estrutura cumpre os requisitos exigidos.

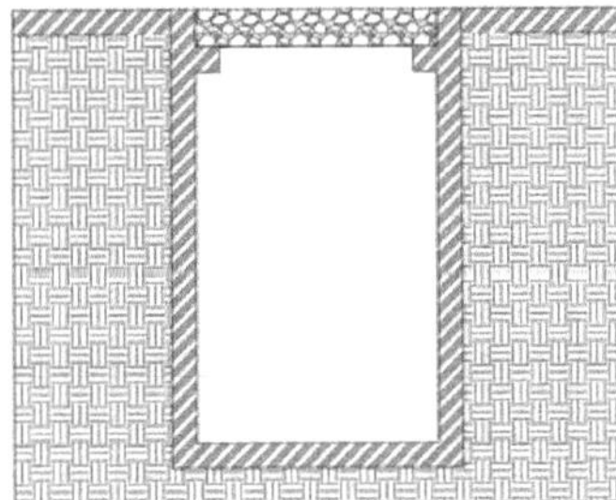 

Figura N° 42: Laje fina alternativa (rejeitada). Figura N° 43: Alternativa de volume total com betão drenante (rejeitada).

A solução óptima é uma secção trapezoidal isósceles, com uma largura de 28 [cm] na face superior, 20 [cm] na face inferior e uma altura de 20 [cm]. Esta forma é adoptada para que possa ser facilmente colocado sem necessidade de estruturas de apoio, sendo suportado pelas paredes dos seus lados, reduzindo os seus esforços de flexão e garantindo que os principais esforços são de compressão. (A análise mecânica do módulo é desenvolvida no capítulo VII). Como o canal tem uma profundidade mínima de 30 [cm], obtém-se uma altura onde a água pode fluir livremente com a inclinação dada pela superfície do canal, evitando a necessidade de garantir a permeabilidade na direção horizontal. Este espaço inferior permite também que os sólidos de dimensão inferior à dos poros sejam removidos, sem ficarem presos na estrutura interna do material. Por outro lado, o volume de material utilizado é reduzido, diminuindo os custos associados à construção.

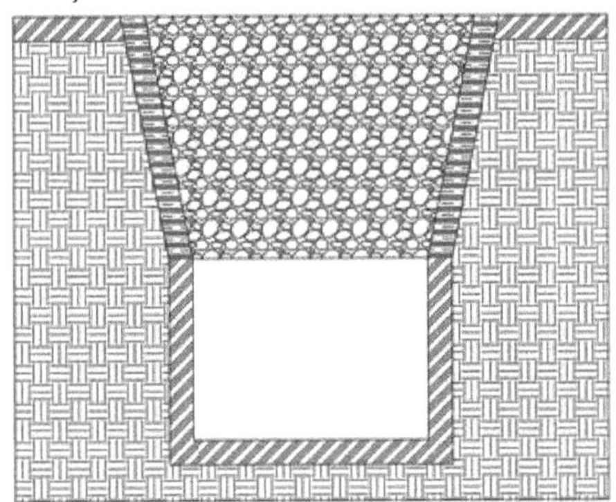

Figura n.° 44: Secção trapezoidal isósceles alternativa (escolhida).

3. Modulação.

Quando uma estrutura é pré-fabricada, as operações no local são essencialmente de montagem em vez de construção no local e, na maioria dos casos, isto significa um aumento da qualidade, uma redução dos resíduos, melhoria e segurança do local de construção.

A fim de reduzir o tempo de construção, facilitar a construção, evitar a cofragem no local e garantir as propriedades do material, são concebidos módulos pré-fabricados de betão drenante. Estes módulos são colocados sucessivamente para formar a estrutura desejada. A modulação tem a vantagem adicional de facilitar a limpeza, a deslocação e a substituição de partes da estrutura conforme necessário na fase de utilização e/ou de obra.

Uma das principais características em que se dividem os componentes e sistemas pré-fabricados é o peso dos elementos, que se classificam da seguinte forma:

• Leveza: Os elementos pesam menos de 100 kg e são colocados manualmente por um ou dois operadores.

• Semi-pesados: Os elementos pesam entre 101 e 500 kg. A sua colocação é efectuada por meios mecânicos simples baseados em roldanas, alavancas, guinchos e barcaças.

• Pesado: Os elementos pesam mais de 500 kg, pelo que são necessárias máquinas pesadas, como gruas de grande porte, para a sua instalação.

De forma a evitar a utilização de equipamentos mecânicos, são projectados módulos com peso total inferior a 100 [kg]. $\left[\dfrac{kg}{persona}\right]$ Considerando os valores limite para a elevação manual segura de cargas de acordo com a Resolução SRT 295/03, do Ministério do Trabalho, Emprego e Segurança Social, que indica que sem ajudas mecânicas, o peso distribuído não deve exceder 25 [31] e projectando que duas pessoas podem mover os módulos, o módulo não deve pesar mais de 50 [kg].

$Pe = 1,917 \left[\dfrac{g}{cm^3}\right]$ Tendo em conta que o peso específico do material a utilizar é (tabela número 7), o comprimento do módulo é fixado em 0,5 [m], o que dá um peso total de 0,5 [m]:

$$P = Pe * V = 1,917 \left[\dfrac{g}{cm^3}\right] * 24000 \ [cm^3] = 46008 \ [g] = 46,008 \ [kg]$$

$P = 23,004 \left[\dfrac{kg}{persona}\right],$ O peso distribuído por duas pessoas dá o que respeita o limite dado pela norma. O módulo é apresentado na figura 42.

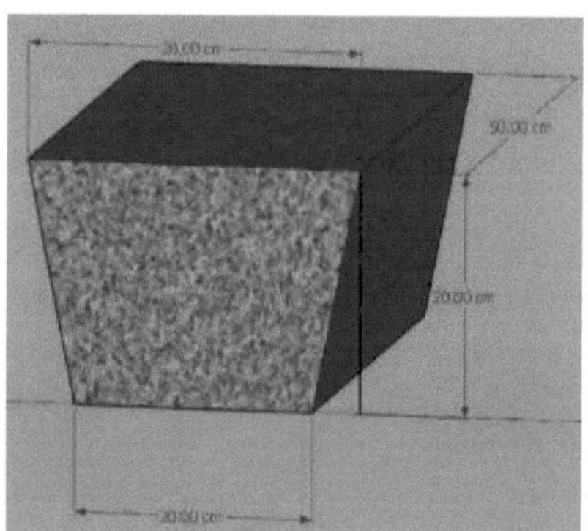

Figura n.º 45: Diagrama com as dimensões do módulo projetado.

O capítulo seguinte trata da análise da capacidade de descarga e filtragem da estrutura proposta com os módulos projectados.

Capítulo VI

Análise da capacidade de infiltração e filtração de sólidos/poluentes

1.   Tempestade de design.

Para avaliar a eficácia dos módulos de betão drenante em permitir a infiltração da água precipitada, deve ser efectuada uma análise para identificar o caudal máximo a fornecer. Isto pode ser feito através da determinação de uma tempestade de projeto, que é o evento pluviométrico hipotético mais intenso, estatisticamente previsível, para uma dada duração e recorrência atribuída [32].

A tempestade de projeto é definida pelos parâmetros de duração, intensidade e recorrência. Estes valores, que são característicos de cada região e de cada clima, podem ser estabelecidos a partir de registos históricos obtidos por medições constantes em estações meteorológicas.

A recorrência adoptada pela Secretaria de Assuntos Hídricos e Gestão de Riscos da Cidade de Santa Fé para a verificação do sistema de drenagem pluvial é de 5 anos [32]. A partir dos dados fornecidos por esta secretaria, serão obtidos todos os valores para definir a tempestade de projeto que será utilizada para determinar o caudal máximo que o sistema terá de fornecer.

Tempo	Intensidade
[min] [min] [min] [min] [min] [min] [min] [min] [min] [min] [min	[mm/h] [mm/h
5	186.1
10	145.4
	121.6
	105.6
25	94.1
30	85.2
35	78.2
40	72.5
45	67.7
50	63.7
55	60.2
	57.2

Tabela n.º 9: Intensidade da precipitação para diferentes durações de tempestades na cidade de Santa Fé com uma recorrência de 5 anos [34].

Como se pode observar na tabela 9, adoptando uma duração de tempestade de 5 [min], obtém-se a intensidade mais elevada de 186,1 [mm/h]. Estes valores são tomados porque se o módulo pode fornecer o caudal produzido pela tempestade de maior intensidade, os caudais de intensidades inferiores também podem ser fornecidos.

A precipitação cai sobre uma determinada área de superfície, gerando um caudal de pico para a intensidade mais elevada. O modelo é adequado para uma sub-bacia pertencente à área central da cidade de Santa Fé, onde o fator de impermeabilidade é de 100%, de modo que toda a precipitação é transformada em escoamento superficial.

Figura N° 46: Diagrama da sub-bacia a intervir [13].

Considerando faixas de 1 m de comprimento e dado que a largura total entre as linhas de construção é de 13 m, o caudal máximo a fornecer por metro linear é

$$_iQ = i.\, s \text{ (i)}$$

Onde:

$\left[\dfrac{m^3}{s}\right].$ Q é o caudal a

i a intensidade em $\left[\dfrac{m}{s}\right].$

^{2}S a área de superfície em *[m]*.

$$Q_i = 5{,}1694.10^{-5}\left[\frac{m}{s}\right].\,13[m].\,1[m] = 6{,}72.10-4\left[\frac{m^3}{s}\right]$$

2. Permeabilidade do módulo.

$\left[\dfrac{cm}{s}\right]$ De acordo com os dados fornecidos pelo grupo de investigação de betão permeável do CECOVI da Universidade Tecnológica Nacional da Faculdade Regional de Santa Fé, para um betão permeável com uma relação água-cimento de 0,35, agregado grosso (PG 3-9), 0% de agregado fino e um volume de vazio teórico de 20%, a permeabilidade é de 1,31 (tabela 8).

Uma vez que a capacidade de descarga do módulo é dada pela permeabilidade e pela superfície de descarga do módulo. $\left[\dfrac{m}{s}\right]$ Onde p é a permeabilidade 0,0131 e a superfície é a largura da secção inferior multiplicada pelo comprimento (considera-se um comprimento unitário para os cálculos de modo a que os valores possam ser comparados com os obtidos no cálculo do caudal, valor obtido por metro linear).

$$Qs = p.\, S \text{ (2)}$$

$$Q_s = 0{,}0131\left[\frac{m}{s}\right].\,0{,}2\,[m].\,1[m] = 2{,}62.10^{-3}\left[\frac{m^3}{s}\right]$$

O caudal obtido na equação número **(2)** corresponde ao volume de água que o betão drenante a utilizar pode fazer passar através da estrutura por unidade de tempo e comprimento.

Comparando os valores das equações **(1)** e **(2)**, verifica-se que a capacidade de descarga do módulo projetado, com a mistura de betão drenante escolhida e uma superfície livre de evacuação de 20 [cm], é superior ao caudal produzido pela intensidade máxima da tempestade de projeto. Portanto, é viável a utilização dos módulos nas entradas de águas pluviais do passeio pedonal de Santa Fé.

Em seguida, é feito um modelo tridimensional do módulo em volumes finitos e é feita uma simulação da chuva de projeto, observando o comportamento do módulo com maior detalhe e segurança, podendo avaliar pressões, velocidades de escoamento e linhas de fluxo na estrutura interna, podendo analisar o comportamento do fluido.

3. Modelação numérica.

O problema a ser modelado corresponde a um escoamento num meio permeável, muitos softwares desenvolveram uma solução para este tipo de problema e alguns utilizaram a plataforma aberta OpenFOAM, que será utilizada no presente trabalho.

A modelação e compreensão do escoamento num meio insaturado ou saturado é um problema importante numa vasta gama de domínios científicos, como a engenharia ambiental e a hidrologia das águas subterrâneas. Um escoamento bifásico num meio poroso pode ser modelado através da resolução da equação de conservação de massa para cada fase, em que as velocidades das fases são expressas utilizando a lei de Darcy em geral. No entanto, uma abordagem clássica e comummente utilizada consiste em negligenciar o gradiente de pressão na fase não saturada (tipicamente ar) para reduzir o escoamento bifásico a uma equação, tipicamente a chamada equação de Richards [35].

$$\left(\frac{\partial \theta}{\partial t}\right) = \frac{\partial}{\partial x}\left[K(h)\left(\frac{\partial h}{\partial x} + cos\alpha\right)\right] - S \quad (3)$$

Onde h é a matriz potencial de água no solo, θ é a humidade volumétrica da água, t é o tempo, x é a coordenada espacial, S é o grau de saturação e α é o ângulo entre a direção do fluxo e o eixo vertical. Os outros parâmetros, equações e cálculos são descritos na secção seguinte.

4. Análise pelo método dos volumes finitos.

O método dos elementos finitos (MEF) é um método para representar e avaliar equações diferenciais parciais sob a forma de equações algébricas. Neste método, os integrais de volume numa equação diferencial parcial que contenha um termo de divergência são convertidos em integrais de superfície, utilizando o teorema da divergência. Estes termos são então avaliados como fluxos nas superfícies de cada volume finito. Uma vez que o fluxo que entra num determinado volume é idêntico ao fluxo que sai do volume adjacente, estes métodos são conservadores.

O procedimento de criação do modelo de volumes finitos começa com a geração da geometria e da malha no Salome (Salome 2021), que permite discretizar o domínio e definir as faces às quais são atribuídas as condições de fronteira.

O primeiro passo é definir a geometria do corpo, que corresponde ao módulo projetado (medidas na figura 42). Uma vez criada a geometria, efectua-se a malha e estabelecem-se os critérios de discretização da mesma.

É escolhida uma discretização em hexaedros, uma vez que a geometria permite trabalhar com elementos regulares com estas formas de volume. Na discretização de problemas em duas e três dimensões, devem ser evitados volumes finitos de fraca relação de aspeto, tais como elementos alongados, cujos exemplos são ilustrados na figura 47.

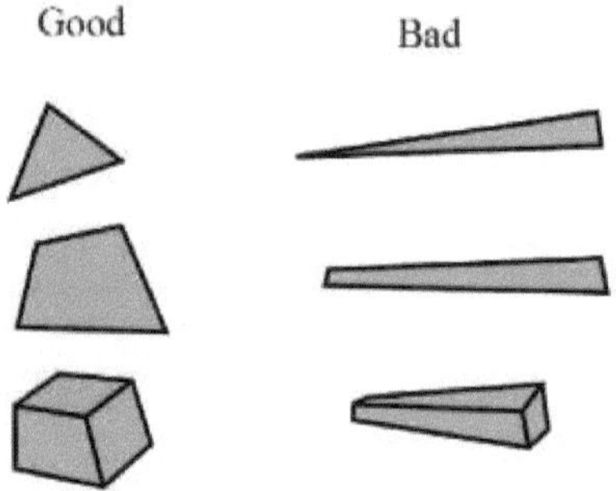

Figura n.º 47: Elementos com bons e maus rácios de aspeto [36].

Como orientação geral, os elementos com rácios de aspeto superiores a 3 devem ser vistos com cautela e os que excedem um rácio de 10 devem ser evitados. Estes elementos não produzirão necessariamente maus resultados, uma vez que tal depende das cargas e das condições de fronteira do problema, mas introduzem potenciais problemas [36].

Por conseguinte, é necessário assegurar que os elementos tenham uma certa uniformidade e regularidade, a fim de evitar que os resultados sejam alterados por perturbações devidas a elementos distorcidos ou irregulares.

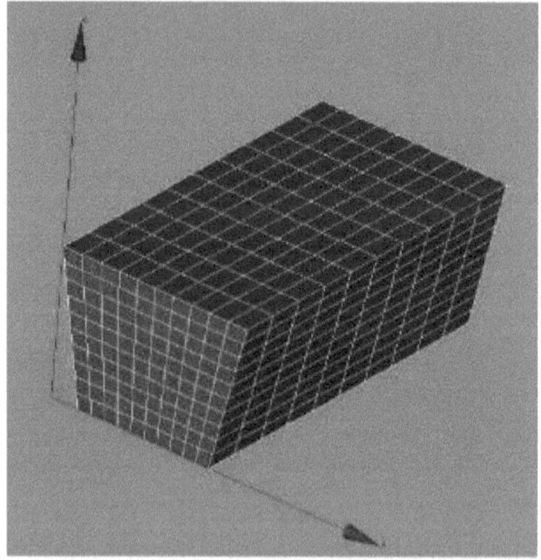

Figura n.º 48: Malha de volume finito em Salomé 2021.

Como se pode ver na figura acima, os volumes têm uma certa uniformidade, a distribuição é uniforme, não há zonas de distorção ou elementos alongados.

Esta malha é então exportada para o problema a calcular no OpenFOAM, utilizando o módulo porousMultiphaseFoam, um módulo desenvolvido para qualquer escoamento bifásico (fase saturada e insaturada) em meios porosos, é alargado ao caso específico da equação de Richards que negligencia o gradiente de pressão da fase insaturada.

O OpenFOAM (Open Field Operation and Manipulation) é um software de CFD gratuito e de código aberto, lançado e desenvolvido principalmente pela OpenFoam Ltd desde 2004, que nasceu no Imperial College de Londres. O OpenFoam está organizado num conjunto de módulos C++ que permitem resolver problemas que vão desde escoamentos complexos de fluidos envolvendo reacções químicas, turbulência e transferência de calor, até à acústica, mecânica dos sólidos e eletromagnetismo [37].

Para resolver um determinado problema, é necessário especificar certas condições nos extremos ou bordos da variável independente da equação, bem como um valor inicial do problema para todas as condições especificadas. Uma condição de borda ou valor de borda é um dado que corresponde a um valor mínimo ou máximo de entrada, interno ou de saída para um sistema ou componente [38].

A partir da observação do comportamento real do sistema, observam-se as condições de fronteira que regem o problema e criam-se os grupos de faces para as introduzir no modelo, de modo a que o modelo se comporte de forma aproximadamente idêntica ao problema real.

Neste caso, é necessário determinar os valores das pressões (h), das velocidades de escoamento (Utheta) e das condições de escoamento em cada face do modelo, como se detalha a seguir.

A <u>altura manométrica</u> na face superior é igual a zero (h1 = 0 [m]), uma vez que, como se demonstrou anteriormente, o módulo tem capacidade para fornecer o caudal de ponta para a tempestade de projeto, pelo que não há acumulação de água para gerar uma altura manométrica. Por outro lado, na face inferior a pressão será igual a zero (h2 = 0 [m]), uma vez que é permitido o livre fluxo de água em direção ao escoamento, pelo que não existem pressões estáticas.

A <u>velocidade de escoamento</u> é calculada dividindo o caudal total produzido pela tempestade de projeto na superfície de contribuição pela área de descarga do módulo:

$$Q = 6{,}72.10 - 4 \left[\frac{m^3}{s}\right]$$

A partir da equação **(1)**, **obtém-se** que o caudal é

A área de descarga livre do módulo é igual a: ^{2}s = 0,2 [m] * 1 [m] = 0,2 *[m]*

A velocidade será igual a:

$$V = Utheta = \frac{Q}{S} = \frac{6{,}72.10-4\left[\frac{m^3}{s}\right]}{0{,}2\,[m^2]} = 3{,}36.\,10^{-4}\left[\frac{m}{s}\right],$$ ou que corresponde a uma intensidade de

$\left[\frac{mm}{h}\right]$ pluviosidade de 186,1 e uma faixa de rodagem de 13 [m].

Este valor é imposto como condição de fronteira na face superior, com a velocidade na direção vertical, com uma direção negativa (de cima para baixo), representando a entrada de água da tempestade de projeto.

Estabelece-se um caudal nulo nas <u>faces laterais de apoio</u>, uma vez que estas estarão apoiadas em material considerado impermeável, pelo que o fluxo de água será direcionado para a face inferior.

A condição de "vazio" aplica-se em ambos os <u>lados transversais</u>, uma vez que não existe fluxo horizontal no modelo projetado.

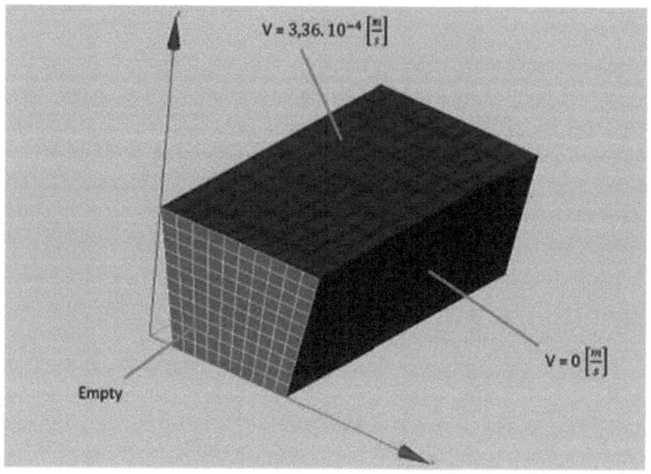

Figura n.º 49: Diagrama das condições de fronteira.

Por fim, são pormenorizados os parâmetros relativos ao material, ao comportamento do sistema e ao fluido. Assume-se um fluido incompressível, viscoso e isotérmico.

$1{,}31.\,10^{-2}\left[\frac{m}{s}\right]$. A condutividade hidráulica do material medida nos ensaios é . Neste caso, o software requer a permeabilidade intrínseca k, que é obtida da seguinte forma:

$$K = \frac{\rho.k.g}{\mu}\ (2) \rightarrow k = \frac{K.\mu}{g.\rho} \qquad k = \frac{1{,}31.10^{-2}\left[\frac{m}{s}\right].1.10^{-3}\left[\frac{kg}{m*s}\right]}{9{,}81\left[\frac{m}{s^2}\right].1000\left[\frac{kg}{m^3}\right]} = 1{,}34.\,10^{-9}\ [m^2]$$

$(1{,}31.\,10^{-2}\left[\frac{m}{s}\right])$, $(1000\left[\frac{kg}{m^3}\right])$, $(1.\,10^{-3}\left[\frac{kg}{m*s}\right])$, ^{2}Onde k é a permeabilidade P a densidade do fluido μ a viscosidade dinâmica do fluido k a permeabilidade intrínseca ($[m\,]$) e g a gravidade $(9{,}81\left[\frac{m}{s^2}\right])$.

Por fim, são adoptados os parâmetros de Van Genuchten, através dos quais o módulo é analisado na sua condição inicial não saturada, procurando o ponto de equilíbrio. O teor de água da matriz saturada θs = 0,25, o teor de água residual da matriz θr = 0,025, o comprimento capilar inverso a = 0,145 e o parâmetro de distribuição do tamanho dos poros n = 2,68 [39].

Os resultados obtidos no paraView, que é uma aplicação de visualização e análise de dados multiplataforma de código aberto, são apresentados de seguida.

Figura n.º 50: Linhas de fluxo e magnitude da velocidade (valores em [cm/s] [40]).

A Figura 50 mostra as linhas de fluxo para o caso analisado, juntamente com as cores correspondentes à escala de velocidade. A verificação das condições de contorno pode ser observada nas velocidades nas curvas de nível, bem como na trajetória do fluido, que se desloca principalmente no sentido vertical descendente, aumentando a sua velocidade à medida que atravessa o módulo, não só devido à influência da gravidade, mas também devido à diferença entre a área de entrada e de saída, sendo esta última menor, mantendo o escoamento constante (por conservação de massas), com uma área menor, a velocidade aumenta. Os valores de velocidade observados não representam um risco de erosão ou danos no módulo [41].

18%

Velocidad de filtración [mm/s]	Re
0.031	0.765
0.072	1.79
0.133	3.30
0.202	5.02
0.273	**6.78**
0.397	9.86
0.488	12.1
0.623	15.5
0.735	18.3

Figura n.º 51: Números de Reynolds para o fluxo de infiltração em betão drenante [42].

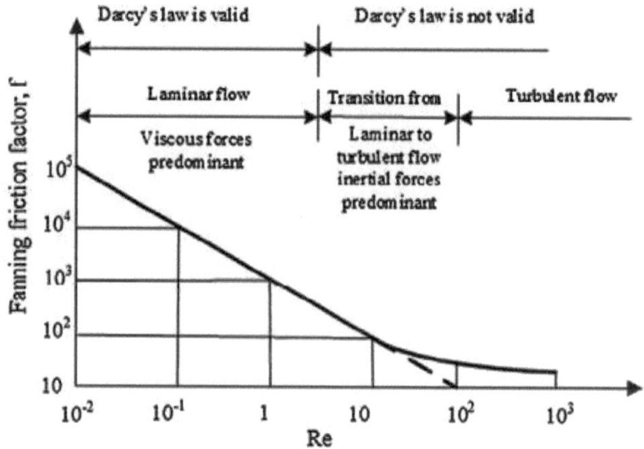

Figura n.º 52: Condições de escoamento da água em meios porosos [42].

Com base nas informações obtidas na Figura 51, que indica os valores do número de Reynolds para diferentes velocidades de infiltração num betão permeável com 18% de porosidade efectiva e a partir do gráfico da figura 52, observa-se que, como a velocidade máxima calculada é de 0,17 [∼^∼], o escoamento será laminar, este valor também indica que a lei de Darcy é válida para analisar o problema [42].

Figura n.º 53: Diagrama de pressão (valores em metros de coluna de água) [40].

Figura n.º 54: Diagrama de pressão com linhas de fluxo [40].

A figura 53 mostra a pressão gerada pelo fluxo de água nas paredes de fluxo zero do módulo. Esta pressão é gerada pela alteração da secção transversal do módulo, como mostra a figura 54, a água é canalizada para a zona inferior (com uma secção transversal mais pequena) através das paredes laterais, produzindo uma pressão de 0,16 [~~⅛], uma pressão insignificante quando comparada com a resistência do betão drenante utilizado.

Com base no que precede, é possível corroborar o sucesso do projeto no cumprimento dos objectivos estabelecidos para a distribuição de fluidos, uma vez que o módulo tem permeabilidade suficiente para distribuir a tempestade de projeto com a área disponível.

O modelo computacional mostra que as condições de fronteira estão corretamente colocadas, não há perturbações no escoamento, que é sempre laminar, uma distribuição correcta das pressões correlacionada com a direção do escoamento e a forma do módulo, pelo que se entende que a simulação é válida para o caso analisado.

O último ponto deste capítulo é a análise da capacidade do módulo para filtrar os sólidos e reduzir os poluentes.

5. *Capacidade de filtragem.*

5.1. Análise do filtro do módulo.

Uma vez que o principal objetivo do projeto é de natureza ambiental, reduzindo a quantidade de resíduos urbanos na água descarregada nos esgotos pluviais, este ponto é essencial para avaliar a eficiência do material e do módulo em relação a este objetivo.

A filtração é o processo unitário de separação de sólidos numa suspensão através de um meio mecânico poroso, também designado por peneira, ecrã ou filtro. Numa suspensão de um líquido através de um meio poroso, este retém os sólidos maiores do que o tamanho da porosidade e permite a passagem do líquido e das partículas mais pequenas do que o tamanho da porosidade [43].

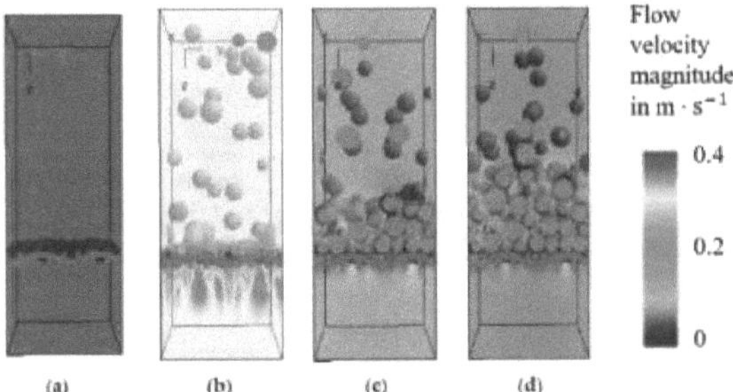

Figura N° 55: Simulação CFD-DEM do processo de filtração: (a) filtro, (b) fluxo com partículas em suspensão, (c) separação de sólidos, (d) acumulação de objectos e cessação do fluxo [44].

Na análise da capacidade de filtração, deve ser tida em conta, entre outros aspectos, a dimensão das partículas a remover no processo e a sua comparação com as dimensões dos poros do material utilizado no processo de filtração.

Neste caso, o objetivo é eliminar da água os resíduos urbanos, tais como garrafas, invólucros, sacos, embalagens, pratos, copos, talheres e tampas de plástico; também metais como latas e tampas; recipientes de vidro; pontas de cigarro, etc. São considerados os resíduos que mais frequentemente são depositados na via pública, descartando a composição de resíduos domésticos ou industriais, sendo apenas trabalhados os resíduos acima descritos.

A dimensão dos poros na matriz de betão drenante é muito difícil de medir, uma vez que a maioria deles se encontra no interior do corpo. Atualmente a melhor opção para obter o tamanho dos poros é realizar uma tomografia computorizada do objeto em questão, com esta tecnologia é possível obter informação sobre a estrutura interna e composição do corpo a analisar, esta informação é processada por computadores e transformada em imagens do interior do que foi analisado.

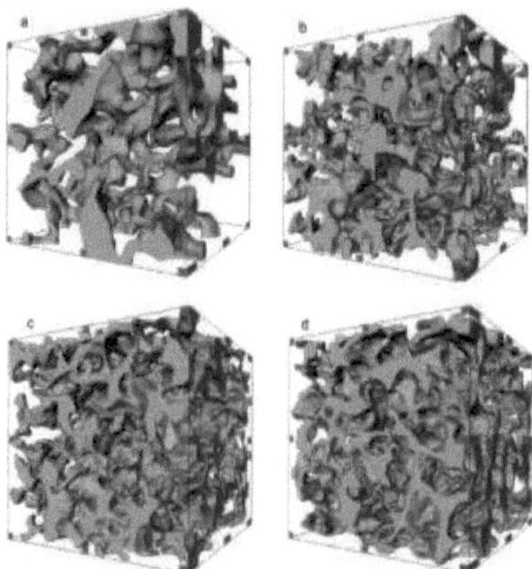

Figura n.º 56: Exemplo de um modelo 3D de poros interligados de betão drenante [42].

No âmbito do projeto de investigação sobre betões drenantes, em conjunto com o CECOVI, foi realizada uma tomografia computorizada a um provete com a dosagem acima descrita. Este ensaio não destrutivo foi realizado no INTI (Instituto Nacional de Tecnologia Industrial) localizado em Rafaela. Como produto do ensaio, obtém-se um modelo tridimensional do provete analisado, que pode ser observado a partir de qualquer ângulo, podem fazer-se cortes em todas as direcções para obter informações sobre a estrutura interna e, a partir de uma análise computacional, podem obter-se valores característicos do material, tais como volume de vazios, fator de distribuição, tamanho médio e máximo dos poros, interligação entre poros, etc.

A figura seguinte (número 54) mostra uma vista da tomografia, com o provete em três dimensões, onde se distinguem claramente os vazios interiores da estrutura, ocupados pelo agregado grosso ou pela pasta de cimento. O exame da tomografia 3D mostra também a interligação entre os poros, condição necessária para que o material seja permeável.

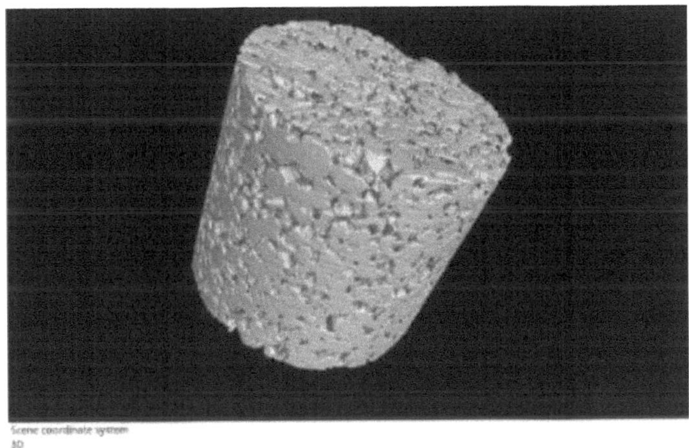

Figura N° 57: Estrutura 3D obtida por tomografia computorizada no INTI Rafaela [40].

A figura 55 mostra uma secção transversal do provete, juntamente com um diagrama que indica onde foi feito o corte e uma escala, que permite observar a distribuição interna dos poros e analisar a dimensão dos poros.

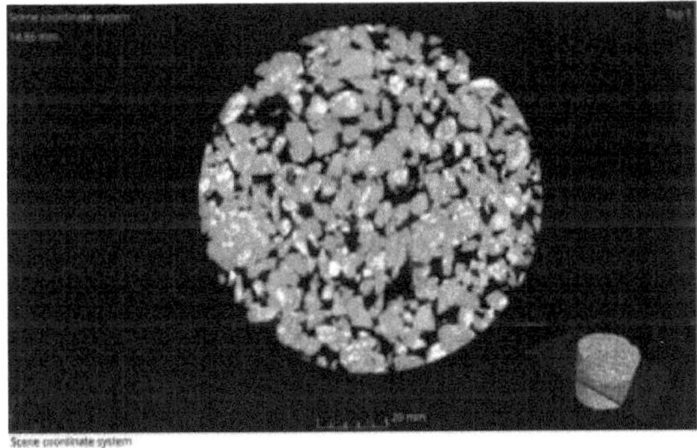

Figura N° 58: Secção transversal do modelo tridimensional obtido por tomografia computorizada [40].

A figura 56 representa uma secção longitudinal da amostra, enquanto a figura 57 representa uma rotação em torno do eixo principal. Com todas estas opções de visualização, a estrutura interna do material pode ser completamente examinada, permitindo que todos os poros sejam medidos em três dimensões, que a sua interligação e forma sejam observadas em pormenor, que existam irregularidades na distribuição dos poros ou qualquer outro aspeto relevante.

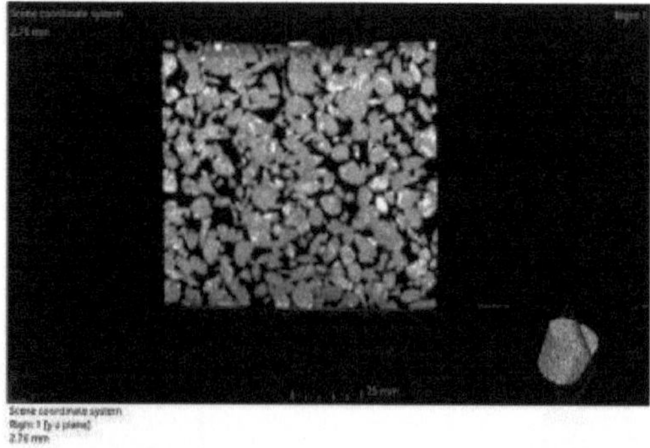

Figura n.º 59: Secção longitudinal do modelo tridimensional obtido por tomografia computorizada.

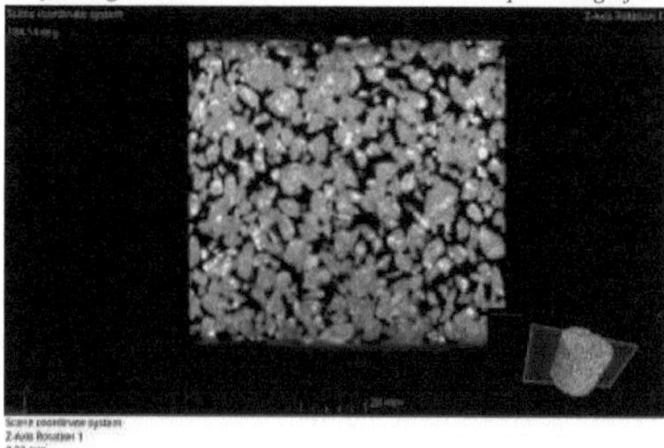

Figura n.º 60: Corte num plano que gira em torno do eixo principal do modelo tridimensional obtido por tomografia computorizada.

Após a análise de toda a informação fornecida pela tomografia computorizada, determinou-se que a dimensão máxima dos poros é de 16 [mm] de diâmetro (maior dimensão aberta), pelo que o módulo poderia reter todos os objectos cujas dimensões são superiores a este valor. Como o objetivo é retirar das águas pluviais objectos como garrafas, latas, embalagens de plástico, etc., e todos eles têm dimensões superiores a 16 [mm], o material a utilizar cumpre a função de os reter e separar do fluido.

As partículas que passarão através da estrutura serão aquelas que são mais pequenas do que as dimensões especificadas, tais como areia, argila, silte ou pequenos pedaços de qualquer outro material.

Um dos principais problemas ambientais a reduzir é a presença de microplásticos na natureza. Este problema está presente na Lagoa de Setúbal, com uma concentração de resíduos plásticos de 100 garrafas por quilómetro quadrado, tendo sido também detectada a presença de microplásticos, que seriam ingeridos por peixes e aves, acentuando o problema [6]. As imagens seguintes mostram a grande quantidade de resíduos plásticos presentes na zona ribeirinha da lagoa.

Figura n.º 61: Resíduos de plástico na margem da lagoa de Setúbal [6].

Figura n.º 62: Resíduos de plástico na margem da lagoa de Setúbal [6].

Os microplásticos dividem-se em dois tipos: primários e secundários. Os microplásticos primários entram no ambiente diretamente através de vários canais, como a eliminação de produtos pessoais que contêm microplásticos, a perda não intencional durante o transporte, a abrasão de pneus na estrada ou de tecidos sintéticos durante o processo de lavagem, etc.

Os microplásticos secundários são formados pela quebra e decomposição de plásticos maiores, geralmente quando estes são sujeitos a intempéries, por exemplo, através da exposição à ação das ondas, à abrasão pelo vento e à radiação ultravioleta da luz solar [45].

É nos microplásticos secundários que este projeto actua, retirando das águas pluviais os objectos de plástico de grandes dimensões (mais de 5[mm] de diâmetro) e reduzindo assim a formação de microplásticos no ambiente, uma vez que estes seriam retirados do filtro para serem recolhidos e eliminados de forma segura pelo organismo estatal competente, juntamente com os resíduos recolhidos pelo atual serviço de varredura e limpeza das ruas pedonais.

5.2. Procedimento de entupimento e limpeza.

Do que precede, pode notar-se que, após um certo período de tempo, o filtro pode reduzir a sua eficiência na infiltração de água (permeabilidade) por um processo de colmatagem, um processo pelo qual os poros do material são gradualmente obstruídos por uma acumulação de sedimentos.

Através da análise dos resultados obtidos num estudo realizado pelo Grupo de Investigação em Engenharia Civil, Materiais e Meio Ambiente (GIICMA) da Universidad Tecnológica Nacional - Facultad Regional de Concordia, cujo objetivo foi determinar as taxas de infiltração de provetes de betão drenante limpos e a sua variação em função do grau de colmatação, observa-se que a progressão completa do fenómeno de colmatação do pavimento poroso devido à contribuição de sedimentos gera taxas de infiltração finais iguais ou inferiores a 1% do valor inicial correspondente às amostras limpas [46].

Por conseguinte, propõe-se o seguinte procedimento de limpeza para os módulos, a fim de garantir a permeabilidade da estrutura ao longo do tempo.

Todos os módulos devem ser dotados de uma reentrância numa das suas faces transversais de 10 [mm] de cada lado, como mostra o desenho seguinte, na figura 60, que apresenta um canto do módulo em vista plana. O objetivo é poder inserir uma barra que permita a um operador levantar o módulo sobre um dos seus lados e, com a ajuda de outro, retirá-lo da sua posição para o limpar. Esta secção é adoptada por não representar uma diminuição da capacidade de filtração, uma vez que o tamanho máximo dos poros é de 16 [mm] de diâmetro, excedendo o tamanho do espaço concebido para a entrada da barra.

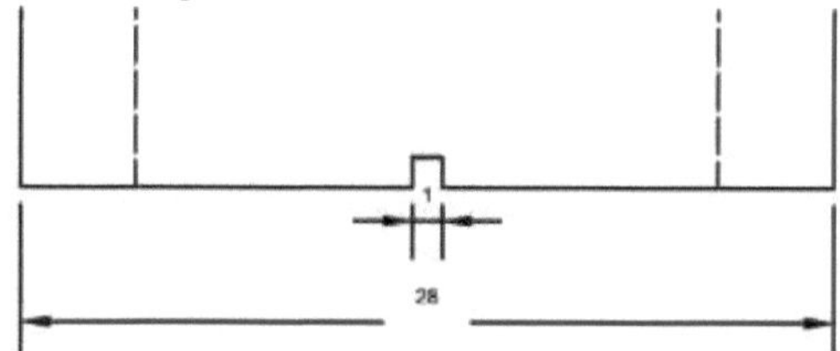

Figura Nº 63: Esquema da ranhura de inserção e remoção do módulo (escala em centímetros).

Após a remoção, os módulos são colocados de cabeça para baixo em relação à sua posição na estrutura de drenagem e a água circula através da sua estrutura interna (retrolavagem), para remover todos os resíduos acumulados no seu interior e restaurar a permeabilidade original do sistema. De seguida, são colocadas na sua posição original.

A durabilidade do betão drenante situa-se entre os 6 e os 20 anos, sendo a causa do fim da sua vida útil a colmatação dos seus poros [47]. Portanto, o procedimento de limpeza deve ser realizado no máximo uma vez a cada 5 anos para garantir a permeabilidade de projeto.

5.3. Redução dos poluentes de acordo com os estudos analisados.

Diferentes estudos demonstraram a grande capacidade do betão drenante na redução de poluentes na água e no ar, que se baseiam em diferentes propriedades deste material, não só de filtração, mas também de biodegradação, reacções químicas, absorção de compostos, etc.

Por exemplo, um estudo realizado pelo Laboratório Principal de Engenharia Rodoviária e de Tráfego da Universidade de Tongji, em Xangai, na China, indica que alguns poluentes atmosféricos de superfície, como partículas sólidas, monóxido de carbono, dióxido de carbono, hidrocarbonetos, óxidos de azoto e óxidos de enxofre, etc., podem ser removidos do ar para melhorar o ambiente atmosférico através de um semicondutor TiO_2 misturado em betão permeável para preparar um pavimento fotocatalítico. Verificou-se que o pavimento fotocatalítico pode reagir com os poluentes atmosféricos superficiais para purificar a atmosfera [18].

Outro projeto de investigação levado a cabo pelo Departamento de Engenharia Civil da Universidade de Wasit, no Iraque, mostrou que a redução da DQO (carência química de oxigénio) pelo betão permeável na filtração da água pode ser de aproximadamente 54%, enquanto a redução da CBO (carência bioquímica de oxigénio) pode atingir valores de 79% [47]:

Estes são exemplos que demonstram a capacidade deste material em atuar como um filtro, removendo eficientemente os poluentes da água ou do ar por diferentes mecanismos. Os efeitos acima mencionados podem ser adicionados aos impactos positivos sobre o escoamento das águas pluviais, melhorando a qualidade da água depositada nos cursos de água naturais em resultado da precipitação na área analisada na zona pedonal de Santa Fé ainda mais do que o esperado devido à filtração mecânica.

Capítulo VII

Análise mecânica

1. Determinação do modelo de falha e do software a utilizar.

Após ter estudado a permeabilidade e o tamanho dos poros do material, determinando parâmetros para avaliar a capacidade do módulo para fornecer a água necessária e filtrar os sólidos, respetivamente, será efectuada uma análise da resistência do sistema.

É de salientar que a localização do projeto foi escolhida numa zona pedonal, de forma a reduzir ao máximo as solicitações mecânicas dos módulos (para além da elevada presença de resíduos urbanos devido à aglomeração de peões). Com a localização da estrutura na passagem pedonal de Santa Fé, evita-se a passagem de veículos pesados e reduz-se a frequência de veículos ligeiros, que apenas entram em pequeno número para entrar nas poucas garagens localizadas na zona em questão.

Assim, a resistência mecânica do módulo deve ser avaliada para a passagem de um veículo ligeiro sobre o mesmo, tendo em conta que esta será a maior carga a que o elemento estará sujeito. [6]O fenómeno da fadiga associado à deterioração progressiva ao longo do tempo é desconsiderado, uma vez que os projectos estruturais feitos para pavimentos prevendo a sua falha sob o conceito de fadiga são feitos para a ordem de 1,10 repetições ou mais, valor muito superior ao esperado na vida útil do módulo, pelo que a análise estática é decisiva em relação à análise à fadiga neste caso.

O software escolhido para a realização do modelo computacional é o Robot Structural Analysis Professional (2023) da Autodesk, que é um software de análise de cargas estruturais, que permite a criação de projetos de estruturas plano-deformadas, projeto e montagem de edifícios ou estruturas em casca, A primeira alternativa é escolhida por se adequar melhor às características geométricas e de carga do problema em questão, uma vez que possui um eixo de simetria e a secção é constante numa só direção, podendo analisar apenas um plano do corpo, desprezando as deformações na direção longitudinal, que serão irrelevantes face às deformações no plano analisado. Isso simplifica o modelo computacional, reduzindo a complexidade e o tempo de cálculo, sem gerar variações significativas nos cálculos caso fossem consideradas as deformações longitudinais. A forma do módulo é mesmo coincidente com o esquema exemplificativo proposto pelo programa para o dimensionamento de estruturas plano-deformadas, o que indica a correcta adaptação da geometria na alternativa de dimensionamento escolhida (figura 64).

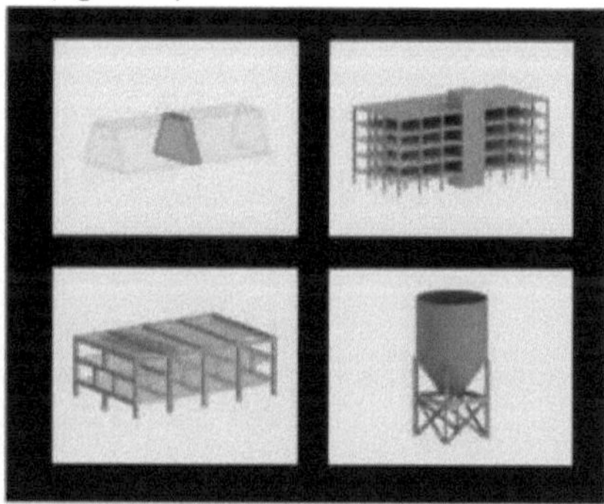

Figura Nº 64: Diagramas de alternativas de conceção no Robot Structural Analysis Professional (2023).

Para criar um modelo numérico que simule a situação de um pneu de veículo assente sobre um módulo de betão drenante, é necessário estabelecer diferentes parâmetros que caracterizem o material, os suportes ou condições de ligação e a carga.

2. Características do material.

O módulo será composto inteiramente por betão drenante, não podendo ser utilizadas armaduras, uma vez que estas ficariam expostas ao ar e à água devido à presença de vazios interligados na estrutura do material, o que provocaria a sua deterioração. Embora se possa considerar a opção de utilizar varões protegidos, de aço inoxidável ou de outro material, a ligação não seria suficiente para transferir as tensões do betão para o aço e vice-versa. Isto deve-se à baixa quantidade de pasta de cimento, suficiente apenas para cobrir os agregados, o que deixaria o aço ligado apenas nos pontos de contacto com os agregados.

As tensões de tração devem, portanto, ser resistidas na sua totalidade pelo betão, um material com uma resistência muito baixa a este tipo de tensões.

Os parâmetros solicitados pelo programa para caraterizar o material e poder efetuar os cálculos são os seguintes

Módulo de Young: é uma propriedade mecânica que mede a rigidez à tração ou à compressão de um material sólido quando a força é aplicada longitudinalmente. Quantifica a relação entre a tensão de tração/compressão σ (força por unidade de área) e a deformação axial ε (deformação proporcional) na região elástica linear de um material. O valor adotado é 20900 [Mpa], obtido a partir de ensaios laboratoriais na Universidade Técnica de Munique [22].

Rácio de Poisson: é uma medida do efeito de Poisson, a deformação (expansão ou contração) de um material em direcções perpendiculares à direção específica da carga. A maioria dos materiais tem valores de coeficiente de Poisson que variam entre 0,0 e 0,5. O valor adotado é 0,467, correspondendo a um valor caraterístico para betões drenantes, dados experimentais, não existem ensaios laboratoriais suficientes para determinar um valor exato para cada dosagem.

Módulo de cisalhamento: é uma constante elástica que caracteriza a mudança de forma experimentada por um material elástico (linear e isotrópico) quando forças de cisalhamento são aplicadas a ele. O valor adotado é igual a 10720 [Mpa], valor típico para o betão H-25 (obtido a partir de dados de software).

Gravidade específica: A gravidade específica é a relação entre o peso de uma substância e o seu volume. $1857 \left[\frac{kg}{m^3}\right]$ $18,21 \left[\frac{KN}{cm^3}\right]$ Adopta-se igual a . Estes dados são obtidos a partir dos ensaios realizados pelo CECOVI, tabela 7 deste trabalho.

Coeficiente de dilatação térmica: é o quociente que mede a variação relativa do comprimento ou
volume que ocorre quando um corpo sólido ou fluido dentro de um recipiente muda de temperatura, causando expansão ou contração térmica. $0,000012 \left[\frac{1}{^\circ C}\right]$, Valor introduzido valor caraterístico para um betão comum (valor obtido a partir do software).

Amortecimento: é uma influência dentro ou sobre um sistema oscilante que tem o efeito de reduzir ou impedir a sua oscilação. Utiliza-se 0,15, que é o valor caraterístico de um betão comum (valor obtido a partir do software).

Resistência caraterística: é o valor estatístico da resistência que corresponde à probabilidade de noventa por cento (90%) de todos os resultados do ensaio na população excederem este valor. Valor introduzido, 8,25 [Mpa], (tabela número 5).

<u>Tipo de provete relacionado com os dados introduzidos:</u> refere-se à forma geométrica do provete utilizado nos ensaios realizados para obter a resistência caraterística ou de projeto, as alternativas são cúbicas ou cilíndricas. Como os ensaios de compressão realizados pelo CECOVI foram com provetes cilíndricos, esta opção está incluída.

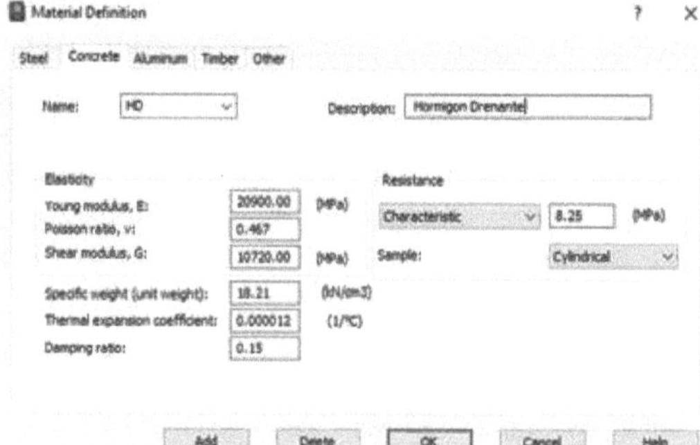

Figura n.º 65: Janela para definição de material no Robot Structural Analysis Professional (2023).

3. *Condições de ligação.*

As condições de ligação são as restrições impostas a cada grau de liberdade da estrutura. Como será desenvolvida uma análise de deformação plana, os graus de liberdade de uma figura de secção transversal do módulo serão 3, dois deslocamentos e uma rotação. Para que o sistema seja estável, as condições de ligação devem ser pelo menos 3, sem nenhuma ligação aparente.

Uma vez que os módulos são simplesmente suportados nas suas faces laterais, as condições de fronteira contínuas são assumidas nas faces laterais, como mostra a figura abaixo.

Figura n.º 66: Representação do módulo e das condições de fronteira Análise estrutural do robô (2023).

Foi estabelecido um ângulo de apoio para as ligações, correspondente à direção perpendicular à face onde cada ligação foi aplicada.

Para a simulação de uma ligação simplesmente apoiada, foi estabelecido um coeficiente de atrito e adoptou-se um valor de mi= 0,4.

Para respeitar a isostaticidade do sistema, a condição de ligação fixa na direção Z foi ligada a uma das ligações contínuas acima mencionadas.

4. *Análise de carga.*

4.1. *Superfície de contacto.*

A principal função dos pneus é proporcionar uma interface ou superfície de contacto entre o veículo e a superfície da estrada, transmitindo a carga recebida ao solo. A superfície de contacto é a parte do pneu de um veículo que está efetivamente em contacto com a superfície da estrada.

A área de contacto dos pneus com as quatro rodas de um automóvel médio típico é de aproximadamente 8,5 x 11 polegadas (21,59 [cm] x 27,94 [cm]) [49].

À medida que os pneus transportam a carga do veículo, esta faz com que os pneus se deformem até que a pressão média da área de contacto seja igualada à pressão de ar interna dos pneus. [2]Partindo do princípio de que um pneu de passageiro típico é insuflado a 35 [psi] (0,24 [Mpa]), então uma carga de 350 [lb] (158,757 [kg]) exigiria uma média de 10 polegadas quadradas (0,0064516 [m]) de área de contacto para suportar a carga. Cargas maiores requerem mais área de contacto (mais deflexão) ou pressões de pneus mais elevadas, ou mesmo um pneu maior.

Figura n.º 67: Imagens obtidas com a pele inteligente. Amostra de três traços de contacto de veículos diferentes, com a distribuição da pressão representada por uma escala de cores [50].

Como secção de apoio, foi estabelecida uma área de 20 [cm] por 20 [cm] de lado, correspondente à área média de apoio de um veículo ligeiro [49].

4.2. Carga dos pneus.

O valor indicado pela norma AASHTO 1993 para a carga por eixo de um veículo ligeiro é de 0,6 [Tn] por eixo, ou seja, 600 [kg] por eixo. Esta carga deve ser distribuída por cada um dos pneus, recebendo cada pneu o equivalente a 300 [kg] [51].

$\left[\frac{kg}{cm}\right]$ $\left[\frac{kg}{cm}\right]$ A partir deste valor obtém-se uma carga linear que será utilizada para o modelo computacional, o valor de 300 [kg] é dividido pela profundidade de 20 [cm] da pegada, obtendo-se assim uma carga linearmente distribuída igual a 15 . Para ser introduzido no programa, este valor deve ser convertido para dar um valor final de 0,15. $\left[\frac{kg}{cm}\right]$

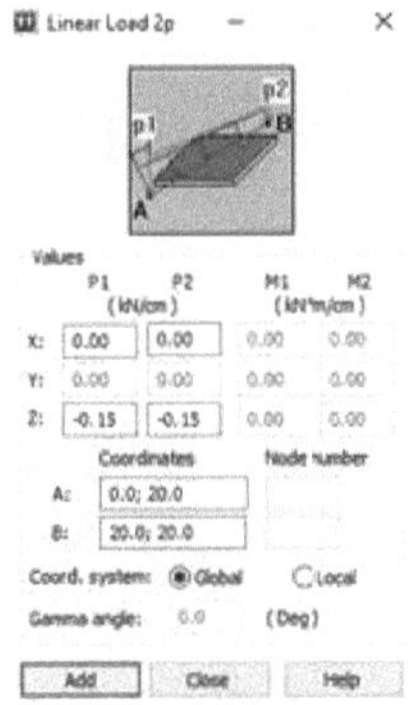

Figura n.º 68: Janela de introdução de uma carga linear.

Para que a carga seja definida corretamente, o valor correspondente deve ser introduzido em cada extremidade da linha (pontos A e B), o sinal negativo indica a direção descendente no sistema de coordenadas. Os pontos A e B são definidos pelas coordenadas indicadas, tendo sido adoptada a posição da carga mais desfavorável, ou seja, a que gera o momento máximo na face inferior. Esta posição coincide com a secção média da superfície de apoio com o ponto médio do módulo. Um esquema da localização da carga é apresentado na imagem seguinte.

Figura n.º 69: Esquema do modelo computacional com carga linear aplicada.

5. *Resultados obtidos.*

Uma vez carregado o modelo completo, constituído por geometria, parâmetros de material, condições de ligação e cargas, o programa é executado para obter os resultados e prosseguir com a análise. O programa apresenta diagramas de diferentes escalas de cores para tensões e deformações, com uma escolha de tensões detalhadas no eixo x ou no eixo y, ou tensões de corte para os componentes xy, ou, em alternativa, podem ser representadas as tensões principais.

Os diferentes diagramas com os resultados obtidos são apresentados de seguida.

Figura n.º 70: Diagrama de tensões analisado na direção X.

Como se pode ver na figura 70, na parte superior do módulo são geradas tensões negativas (de compressão), enquanto na face inferior a tensão é positiva (de tração).

Figura n.º 71: Diagrama de tensões analisado na direção XY (tensões de corte).

A Figura 71 mostra o diagrama de tensões de cisalhamento, a área com os valores mais elevados está perto dos apoios.

6.   *Análise da resistência.*

Para saber se o módulo resistirá às tensões a que será submetido, é necessário analisar as tensões principais que se desenvolvem e que são calculadas pelo software.

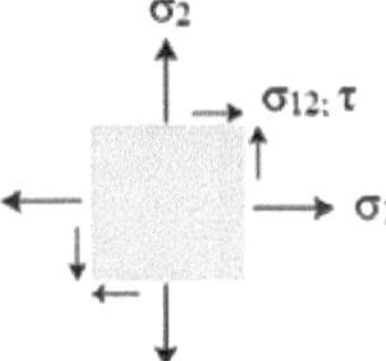

Tensão plana

Figura N° 72: Diagrama das tensões principais num elemento plano.

A figura seguinte mostra o diagrama da escala de cores para as tensões σ_1, o valor positivo mais elevado encontra-se no lado inferior e é representado pela cor vermelha, sendo igual a 0,02 [Mpa], enquanto o valor negativo mais elevado aparece no lado superior a azul, sendo este último igual a -0,02 [Mpa].

Figura N° 73: Diagrama de tensões principais σ_1.

A segunda direção principal σ_2 também é analisada, o que dá um valor máximo de tensão negativa na face superior igual a -0,02 [Mpa].

Figura n.° 74: Diagrama de tensões principais σ_2.

Por fim, é apresentado o diagrama de escala de cores para as tensões principais τ, sendo a magnitude mais elevada nos apoios e na face inferior, com um valor de 0,01 [Mpa].

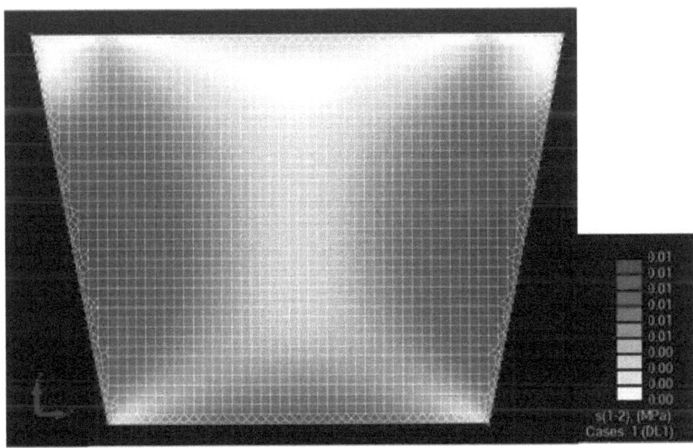

Figura n.º 75: Diagrama de tensões principais τ.

Os valores obtidos devem ser comparados com a resistência do material utilizado, se as tensões forem inferiores à resistência, o módulo será capaz de suportar as cargas aplicadas, caso contrário a estrutura deve ser repensada.

As equações utilizadas para avaliar a resistência correspondem ao regulamento CIRSOC 201.

$$_n\text{Resistência de projeto } (\varphi.\ S\ ) \geq \text{Resistência necessária}$$

Ou seja: *Resistência. Nominal. Fator de redução ≥ Fator de carga. Requisitos de manutenção*

O valor de $\varphi = 0{,}55$ é adotado para todos os casos, com base no artigo 9.3.5. do CIRSOC 201, que indica que o fator de redução da resistência ϕ, para a flexão, compressão, corte e esmagamento em betão estrutural simples, de acordo com o Capítulo 22, deve ser $\varphi = 0{,}55$.

$_n$Compressão: $\varphi P \geq P_u$

$$0{,}55 * 8{,}25\ [Mpa] \geq 0{,}02[Mpa]$$

$$4{,}5375\ [Mpa] \geq 0{,}02[Mpa]$$

$$VERIFICA$$

$_n$Tração: $\varphi P \geq P_u$

$$0{,}55 * 1{,}89\ [Mpa] \geq 0{,}02[Mpa]$$

$$1{,}0395\ [Mpa] \geq 0{,}02[Mpa]$$

$$VERIFICA$$

$_n$Corte: $\varphi V \geq V_u$

$$0{,}55 * 1{,}89\ [Mpa] \geq 0{,}02[Mpa]$$

$$1{,}0395\ [Mpa] \geq 0{,}02[Mpa]$$

$$VERIFICA$$

Verificou-se que todos os valores verificam as tensões a que o módulo estará sujeito, pelo que pode ser utilizado com as dimensões e o material projectados.

Capítulo VIII

Cálculos de materiais.

1. Cálculo dos materiais necessários para os módulos.

Com base no volume de um dos módulos e na dosagem utilizada, serão estimadas as quantidades de cimento, pedra, etc., para fabricar todos os módulos necessários à realização de todo o projeto.

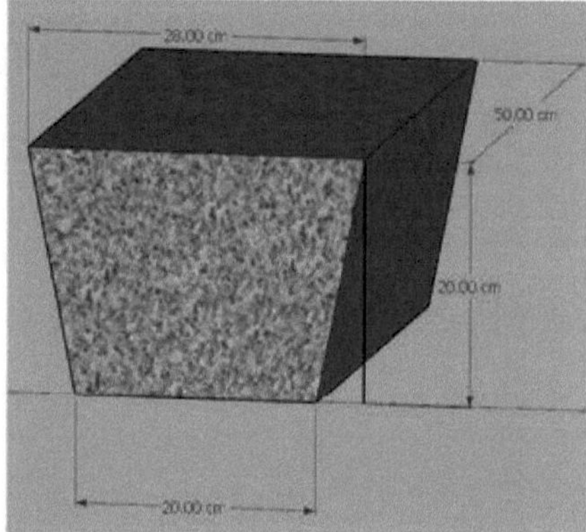

Figura Nº 76: Esquema 3D do módulo com dimensões.

Área da secção transversal:

$$A = \frac{lado\ inferior + lado\ superior}{2} * altura$$

$$A = \frac{20\ [cm] + 28\ [cm]}{2} * 20\ [cm]$$

$$A = 480\ [cm^2]$$

Volume de um módulo:

$$V_m = A * Longitud$$

$$V_m = 480\ [cm^2] * 50\ [cm]$$

$$V_m = 24000\ [cm^3]$$

Duração total do trabalho:

As distâncias foram medidas no Google Maps e produziram os seguintes valores:

Esquina Salta a calle Mendoza: 124,8 [m] ≈ 125 [m].

Esquina Mendoza a calle Primera Junta: 120,9 [m] ≈ 121 [m]

Esquina da Primera Junta com a rua Tucumán: 124,78 [m] ≈ 125 [m].

Soma: $L = 125$ [m] + 121 [m] + 125 [m] = 371 [m].

Figura n.º 77: Diagrama da sub-bacia a intervir [13].

Número de módulos necessários:

$$N = \frac{L}{longitud\ del\ módulo}$$

$$N = \frac{371\ [m]}{0,5\ [m]}$$

$$N = 742$$

$$N = 742 * 1,05 \approx 780$$

No total, seriam utilizados cerca de 742 módulos. Considerando um desperdício de 5%, estima-se que seriam necessários 780 módulos.

$$V = V_m * N$$

$$V = 24000\ [cm^3] * 780$$

$$V = 18720000\ [cm^3] = 18,72\ [m^3]$$

Volume total do betão drenado:
[3]Serão necessários cerca de 19 [m] de betão para drenagem. Com base na dosagem utilizada, a quantidade de cada um dos materiais necessários para produzir o betão de drenagem é calculada separadamente.

Dosagem final		
COMPONENTES	VALOR	UNIDAD
Rácio água/cimento (A/C)	0,35	-
Cimento	362	kg
Água		kg
Agregado grosso (PG 3-9)	1567	kg
Agregado fino	0	kg
Volume de vazio teórico (V vt)		%
PUV Teórico	2056	kg/m3

Quadro n.º 10: Dosagem da mistura utilizada.

O quadro de dosagem indica que para cada metro cúbico de betão drenante são utilizados 362 [kg] de cimento e 1567 [kg] de agregado grosso (PG 3-9), com uma relação água-cimento de

0,35. As quantidades totais necessárias para atingir os módulos requeridos são, portanto, as seguintes

Cimento:
$$362 \left[\frac{kg}{m^3}\right] * 19 \, [m^3] = 6878 \, [kg]$$

Agregado grosso (PG 3-9):
$$1567 \left[\frac{kg}{m^3}\right] * 19 \, [m^3] = 29773 \, [kg]$$

Em resumo serão necessários 6878 [kg] de cimento, que podem ser obtidos em 138 sacos de 50 [kg] ou a granel. Por outro lado, a quantidade total de pedra a ser utilizada é de aproximadamente 29773 [kg] ou 29,75 [Ton].

1.1. Estucagem.

Será considerado um reboco de 2 [cm] de profundidade em toda a superfície de apoio dos módulos, para garantir que a área exposta pela demolição seja uniforme e permita o correto apoio dos blocos.

Uma vez que o reboco será exposto à água, é concebido um reboco impermeável de acordo com a seguinte dosagem volumétrica:

Os materiais necessários para a preparação do reboco hidrófugo são os seguintes: 3 partes de areia fina, 1 parte de cimento e o hidrófugo que é preparado com 10 litros de água limpa e 1 quilo do produto aditivo hidrófugo.

[3]Sabendo que o reboco terá 2 [cm] de espessura, 20,4 [cm] de altura (devido à inclinação das faces laterais) e 371 [m] de comprimento, correspondendo a toda a obra projectada, o volume de reboco para as duas faces do módulo será de 3,03 [m]. [3]Considerando um desperdício de 10 %, o volume final será de 3,33 [m].

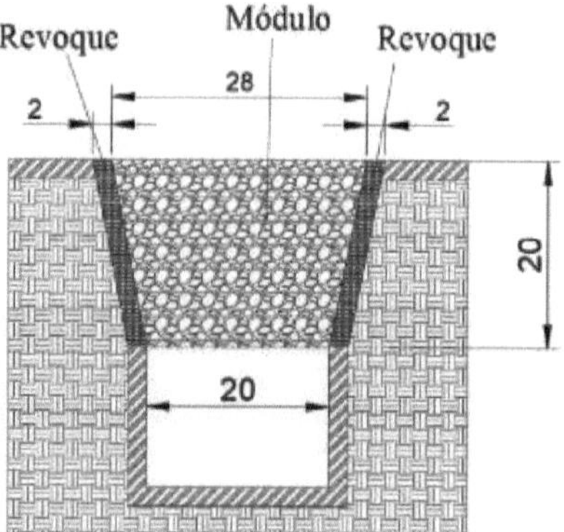

Figura n.º 78: Corte mostrando o gesso.

A partir do exposto, podem ser obtidas as quantidades finais de materiais.

Cimento: 1172,36 [kg]. 24 sacos de 50 [kg].

[3]**Areia:** 5,978 [m]. [3]6 sacos de 1 [m].

Repelente de água: 29,89 [kg]. 2 recipientes de 10 [litros].

2. Demolição.

Pelo exposto, sabe-se que o espaço atualmente disponível para drenagem na zona pedonal a intervencionar é de 20 [cm] de largura, como o módulo tem 28 [cm] na sua face superior, parte do pavimento terá de ser demolido para colocação dos módulos e execução do reboco.

Zona a demolir   Área a demolir

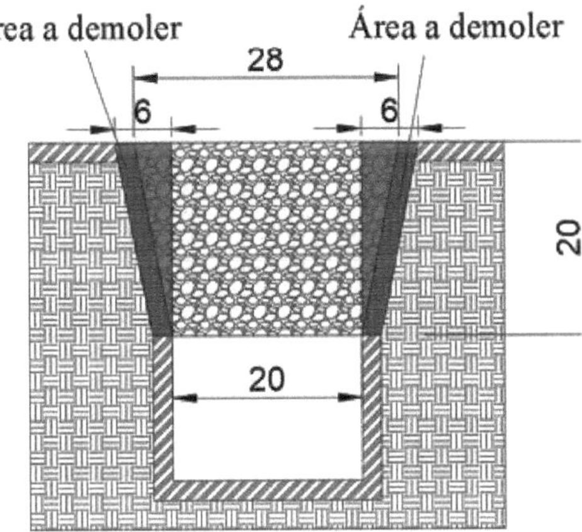

Figura N° 79: Secção transversal do módulo e da zona a demolir (escala em centímetros).

Volume a demolir:

$$V_d = A_d * L$$

$$A_d = \frac{(6\,[cm] + 2\,[cm])}{2} * 20\,[cm] * 2 = 160\,[cm^2] = 16.\,10^{-3}[m^2]$$

$$V_d = 16.\,10^{-3}[m^2] * 371\,[m] = 5,936\,[m^3] \approx 6\,[m^3]$$

[333]Deve ser demolido um total de 6 [m] de pavimento, que pode ser colocado num contentor de 8 [m] ou em dois contentores de 5 [rn], sendo a opção mais eficiente avaliada em função do custo em cada caso. Devem depois ser corretamente descarregados no local previsto pelas autoridades municipais para este tipo de resíduos. Os contentores serão equipados com as grelhas retiradas da estrutura de drenagem existente.

3.   *Tempo de trabalho e número de trabalhadores.*

Demolição:

As tarefas consideradas neste item são a movimentação do entulho produzido para um contentor e a demolição propriamente dita do volume de pavimento acima descrito com um martelo pneumático rotativo, uma ferramenta especialmente concebida para este fim.

[3]Uma vez que a tarefa a executar requer um certo grau de precisão, assume-se que um trabalhador com a sua ferramenta de trabalho, num dia de trabalho de 8 horas, irá demolir 0,25 [m], ou o equivalente a aproximadamente 30 [m] metros lineares, juntamente com a tarefa de eliminação no contentor.

Considerando dois trabalhadores, o tempo para demolir o total necessário será de 6 [dias], prevendo atrasos devido à diminuição da eficiência, dias de chuva, etc. Consideram-se 10 dias completos para completar a tarefa.

Colocação dos módulos:

Conhecendo o número de módulos a colocar (780), a partir dos valores-limite para a elevação manual de cargas (Res. SRT 295/03), pode obter-se o número de trabalhadores necessários para colocar os blocos.

Estes valores-limite recomendam condições para a elevação manual de cargas nos locais de trabalho, considerando que a maioria dos trabalhadores pode ser exposta repetidamente, dia após dia, sem desenvolver perturbações lombares e dos ombros relacionadas com o trabalho, associadas a tarefas repetidas de elevação manual.

Os valores estão contidos em três tabelas com limites de peso, em quilogramas [Kg], para dois tipos de movimentação de carga (horizontal e suspensa), em tarefas manuais de mono-elevação, dentro de 30 graus do plano sagital (neutro). Os valores-limite são dados para as tarefas de elevação manual definidas pela sua duração, quer esta seja inferior ou superior a 2 horas por dia, e pela sua frequência expressa pelo número de elevações manuais por hora, tal como definido nas notas de cada quadro. O Quadro 2 da Resolução SRT 295/03, apresentado na Figura 72, indica os pesos máximos que podem ser levantados por um trabalhador em função do movimento necessário e do número de elevações por hora.

TLVs para elevação manual para tarefas > 12 e < 30 elevações por hora ou < 2 horas por dia com 60 e < 360 elevações por hora.

TABLA 2. TLVs para el levantamiento manual de cargas para tareas > 2 horas al día con > 12 y ≤ 30 levantamientos por hora o ≤ 2 horas al día con 60 y ≤ 360 levantamientos/hora.

Situación horizontal del levantamiento / Altura del levantamiento	Levantamientos próximos: origen < 30 cm desde el punto medio entre los tobillos	Levantamientos intermedios: origen de 30 a 60 cm desde el punto medio entre los tobillos	Levantamientos alejados: origen > 60 a 80 cm desde el punto medio entre los tobillos^A
Hasta 30 cm^B por encima del hombro desde una altura de 8 cm por debajo del mismo.	14 Kg	5 Kg	No se conoce un límite seguro para levantamientos repetidos^C
Desde la altura de los nudillos^B hasta por debajo del hombro.	27 Kg	14 Kg	7 Kg
Desde la mitad de la espinilla hasta la altura de los nudillos^D	16 Kg	11 Kg	5 Kg
Desde el suelo hasta la mitad de la espinilla	14 Kg	No se conoce un límite seguro para levantamientos repetidos^C	No se conoce un límite seguro para levantamientos repetidos^C

Figura Nº 80: Secção transversal do módulo e área a demolir (escala em centímetros) [52].

Corazza Ignacio

Para elevar um dos módulos dentro dos pesos máximos, a elevação deve ser efectuada por, pelo menos, duas pessoas e, se trabalharem durante um dia inteiro de 8 horas, podem efetuar até 30 elevações por hora, o que perfaz um total de 240 elevações por dia.

Uma vez que os módulos terão de ser descarregados dos camiões, a descarga seria a primeira vistoria realizada, assumindo que os módulos não são armazenados, mas instalados diretamente, a segunda vistoria corresponde à colocação dos modelos na sua posição final no local.

Com 780 módulos, é necessário efetuar um mínimo de 1560 elevações, duas por módulo, uma para a descarga e outra para a instalação. Dois operários podem realizar esta tarefa em 6,5 dias úteis. Se forem tidos em conta os atrasos devidos a uma menor eficácia, dias de chuva, etc., consideram-se 10 dias úteis completos para realizar a tarefa. Isto implicaria duas semanas de trabalho de segunda a sexta-feira, o que é um tempo razoável para o trabalho analisado.

Estucagem:

Para os trabalhos de estucagem e de reboco em geral, deve ser utilizada mão de obra especializada. As equipas de trabalho devem estar equipadas com cavaletes e andaimes adequados. O material e as ferramentas necessários devem estar em bom estado e em quantidade suficiente. As betonilhas devem ser de metal ou de madeira, com secções transversais adequadas, com arestas vivas e rectas.

[2]Para estimar o número de trabalhadores necessários para executar o reboco num determinado tempo, o reboco é calculado por metro quadrado, o que dá um total de 151,37 *[m]*.

[2]Considerando que um trabalhador qualificado poderá efetuar 1 *[m]* por hora de reboco, se forem contratados dois trabalhadores para trabalharem 8 horas por dia, todo o trabalho de reboco estará concluído em 10 [dias].

Resumo:

No total, serão necessários seis trabalhadores e um encarregado para toda a obra (excluindo o transporte dos módulos e contentores). Como os módulos serão materializados numa fábrica (pré-fabricados) e transportados para o local de construção, as horas-homem não são contabilizadas, uma vez que serão da responsabilidade de um terceiro contratado para esta parte da obra.

A tabela seguinte resume o número de dias necessários para cada tarefa e o tempo total de construção, assumindo que após 30 % dos trabalhos de demolição estarem concluídos, os módulos podem ser instalados. Depois de 2 dias de tempo de presa do reboco, os módulos podem ser instalados. O cálculo tem em conta que não serão efectuados trabalhos aos sábados e domingos. Isto significa que serão necessários 19 dias úteis para concluir os trabalhos.

TarefasDias	1				5			8		10								18
Demolição	█	█	█	█				█	█	█	█							
Gesso				█	█			█	█	█	█	█			█	█	█	
Colocação dos módulos								█	█	█	█	█			█	█	█	█

Quadro n.º 11: Esquema das horas de trabalho necessárias.

4. Máquinas necessárias.

A descarga ou a deslocação dos módulos de betão drenante pode ser feita sem recurso a maquinaria pesada, uma vez que foram concebidos para serem classificados como elementos pré-fabricados leves, podendo ser levantados e colocados por dois trabalhadores sem necessidade de assistência mecânica.

[3]Para os rebocos, considera-se necessário um misturador para garantir o desempenho estimado, uma vez que o volume de argamassa é de aproximadamente 3 [m], demasiado grande para ser misturado manualmente devido ao tempo envolvido na tarefa.

Para a demolição de pavimentos são necessários martelos pneumáticos rotativos, que são martelos perfuradores portáteis que trabalham com mecanismos de ar comprimido, funcionando como um martelo, golpeando a superfície com o objetivo de obter pedaços do material a demolir. Estas máquinas são geralmente utilizadas para uso profissional para efetuar furos em pavimentos ou para demolir diferentes tipos de construções.

Figura n.º 81: Operador a utilizar um martelo pneumático rotativo [53].

A figura mostra que a tarefa realizada é semelhante à proposta no projeto e a utilização de equipamento de proteção individual (protectores auriculares, óculos de proteção, luvas, calçado de segurança, calças ignífugas).

Como o número de trabalhadores da demolição é de dois, está prevista a utilização de dois martelos pneumáticos rotativos.

5. *Cofragem, fabrico e transporte.*

Optou-se pela cofragem metálica para garantir a uniformidade de dimensões de todos os módulos materializados. A melhor opção é fabricar os módulos na fábrica, uma vez que é possível ter um maior controlo sobre os materiais, as dosagens e as condições ambientais de cura, bem como obter um espaço de armazenamento fora da obra, permitindo reduzir ao mínimo o espaço público ocupado durante o período de construção, diminuindo assim o incómodo para os transeuntes, lojas e vizinhos no passeio pedonal.

De acordo com o que foi estudado, os módulos podem ser descobertos no dia seguinte ao lançamento do betão drenante nas formas, podendo ser armazenados sem carga até adquirirem a resistência necessária, aplicando uma cura húmida.

Em seguida, é feita uma estimativa da quantidade de cofragem metálica necessária para garantir uma produção que permita o avanço dos trabalhos sem atrasos ou interrupções, mas sem incorrer em despesas desnecessárias devido ao excesso de moldes, ou seja, procurar-se-á otimizar a produção.

Considerando que serão necessários 78 módulos por dia de assentamento, a produção será dividida em 10 lotes de 78 unidades produzidas. Para isso, são necessárias 80 cofragens (consideram-se 2 módulos defeituosos por lote) e iniciar a produção contínua 28 dias antes do primeiro dia de assentamento (para que o material adquira a resistência de projeto), chegando ao final da obra com os últimos blocos produzidos.

6. Orçamento.

A estimativa de custo será feita para o fabrico dos módulos (materiais associados ao bloco de betão drenante), as horas-homem para a demolição do volume acima discriminado, a execução do reboco e a colocação final dos módulos. O preço da cofragem e as horas-homem necessárias para o seu fabrico não serão tidos em conta, uma vez que dependerão da empresa contratada para realizar esta tarefa e serão variáveis de acordo com a logística interna de cada concorrente, ou poderá mesmo ser considerada outra configuração de fabrico (cofragem de madeira ou fenólica, fabrico no local, etc.), que será avaliada no momento da adjudicação do projeto. As quantidades de materiais, o volume a demolir e o reboco a aplicar mantêm-se inalterados. Por conseguinte, apenas serão discriminados os custos associados aos materiais e à mão de obra para as fases acima mencionadas, uma vez que estes são essenciais para a execução da obra.

Trabalho:

O custo associado à mão de obra depende do acordo coletivo de trabalho da União Operária da Construção da Argentina (UOCRA), juntamente com a Câmara Argentina da Construção (CAMARCO) e a Federação Argentina de Entidades da Construção (FAEC), estas entidades estabelecem conjuntamente o salário mínimo a pagar aos empregados da construção, quer sejam artesãos, jornaleiros ou qualquer outra posição dentro das actividades abrangidas pelo acordo [54].

Os dados são obtidos a partir de uma tabela que indica as taxas salariais de base em vigor a partir de 1 de dezembro de 2022, incluídas no último acordo laboral para os trabalhadores da construção. Estes valores podem variar de acordo com futuros acordos, pelo que todos os valores indicados em pesos argentinos ($) serão convertidos para a unidade monetária do dólar americano (USD), de forma a ter um parâmetro de referência de longo prazo associado aos custos.

Os cálculos baseiam-se na tabela que indica o salário de base em vigor a partir de 1 de março de 2023. A cidade de Santa Fé pertence à zona "A" [54].

Parte-se do princípio de que os trabalhadores contratados para os trabalhos de reboco e demolição serão operários especializados, uma vez que terão de efetuar tarefas no local com um certo grau de dificuldade (demolição precisa, reboco inclinado e com pouco espaço de trabalho). O encarregado será também um operário especializado. Os trabalhadores contratados para a colocação dos módulos de betão drenante serão assistentes.

Daqui se conclui que o salário mínimo por hora para um funcionário especializado será de $948 (novecentos e quarenta e oito pesos argentinos por hora), equivalente a USD 4,83 (quatro dólares e oitenta e três cêntimos americanos), taxa de câmbio do Banco Nación em 09/02/2023.

Para um assistente, o salário mínimo por hora será de $620 (seiscentos e vinte pesos argentinos por hora), equivalente a USD 3,16 (três dólares e dezasseis cêntimos americanos), taxa do Banco Nación em 09/02/2023.

O quadro 11 indica o número de dias e de trabalhadores necessários para a realização do projeto, resultando no seguinte

Para a demolição, serão contratados dois oficiais especializados para trabalhar 8 horas por dia durante 10 dias, com um salário final de $75840 (setenta e oito mil oitocentos e quarenta pesos argentinos) ou USD 386,45 (trezentos e oitenta e seis dólares e quarenta e cinco cêntimos americanos) por oficial. Final: $151680 (cento e cinquenta e um mil seiscentos e oitenta pesos argentinos) ou USD 772,89 (setecentos e setenta e dois dólares e oitenta e nove cêntimos americanos).

Para o reboco, serão contratados dois operários especializados para trabalhar 8 horas por dia durante 10 dias, com um salário final de $75840 (setenta e oito mil oitocentos e quarenta pesos argentinos) ou USD 386,45 (trezentos e oitenta e seis dólares e quarenta e cinco cêntimos americanos) por operário. Final: $151680 (cento e cinquenta e um mil seiscentos e oitenta pesos argentinos) ou USD 772,89 (setecentos e setenta e dois dólares e oitenta e nove cêntimos americanos).

Para a colocação dos módulos de betão de drenagem, serão contratados dois ajudantes para trabalhar 8 horas por dia durante 10 dias, com um salário final de $ 49600 (quarenta e nove mil e seiscentos pesos argentinos) ou USD 252,74 (duzentos e cinquenta e dois dólares e setenta e quatro cêntimos americanos) por ajudante. Final: $ 99200 (noventa e nove mil e duzentos pesos argentinos) ou USD 505,48 (quinhentos e cinco dólares e quarenta e oito cêntimos).

Para um capataz, será contratado um oficial especializado para trabalhar 8 horas por dia durante 19 dias, com um salário final de $ 144096 (cento e quarenta e quatro mil e noventa e seis pesos argentinos) ou USD 734,25 (setecentos e trinta e quatro dólares e vinte e cinco cêntimos) para o capataz.

Isto resulta em custos totais de mão de obra de $ 546656 (quinhentos e quarenta e seis mil seiscentos e cinquenta e seis pesos argentinos) ou USD 2785,51 (dois mil setecentos e oitenta e cinco dólares e cinquenta e um cêntimos americanos).

<u>Materiais:</u>

Cimento: somando a quantidade de cimento necessária para os módulos e o cimento para o reboco, obtém-se uma quantidade de 6878 *[kg]* + 1172,36 [kg] ≈ 8051 *[кд]*. Considerando um desperdício de 10%, 8856 [kg] seria o total de quilogramas de cimento necessários.

Está prevista a utilização de cimento em sacos de 50 [kg], pelo que será necessário adquirir pelo menos 78 sacos de cimento. O preço de venda por grosso (palete) está atualmente cotado em $ 88800 (oitenta e oito mil e oitocentos pesos argentinos) ou USD 452,48 (quatrocentos e cinquenta e dois dólares e quarenta e oito cêntimos americanos), (valor obtido através de consulta a grossistas). Cada palete contém 40 unidades, pelo que serão necessárias 2 paletes para cobrir a procura. O valor final do cimento será de $177600 (cento e setenta e sete mil e seiscentos pesos argentinos) ou USD 904,97 (novecentos e quatro dólares e noventa e sete cêntimos).

Pedra: A quantidade de pedra necessária para o projeto é de 29773 *[kg]*, que será utilizada no fabrico dos módulos de betão permeável. Está prevista a compra a granel, ou seja, a granel. [33]A pedra partida de granito tem um peso específico de aproximadamente 1600 [^| ·], pelo que serão necessários 18,61 [m], considerando um desperdício de 10 %, o valor final é de 20,47 [m].

O preço por metro cúbico de pedra do item 6-19 é atualmente de $16900 (dezasseis mil e novecentos pesos argentinos) ou USD 86,11 (oitenta e seis dólares e onze cêntimos), (valor obtido através de consulta a grossistas).

[3]Uma vez que são comprados 21 [m] de pedra de granito 6-19, o preço final é de $354900 (trinta e cinco centos e cinquenta e quatro mil e novecentos pesos argentinos) ou USD 1808,41 (mil oitocentos e oito dólares e quarenta e um cêntimos americanos).

[3]*Areia: Será* necessário um total de 6 [m] de areia, que será utilizada para o reboco. [3]Considerando um desperdício de 10 %, serão necessários 6,6 [m]. [3]Uma vez que se trata de

um número reduzido, propõe-se a compra de sacos de 0,75 [m], o que também permite um melhor manuseamento no local e menos desperdício.

[3]Atualmente, o preço de um saco de 0,75 [m] de areia fina e limpa é de $ 6900 (seis mil e novecentos pesos argentinos) ou USD 35,16 (trinta e cinco dólares e dezasseis cêntimos), (valor obtido através de consulta a grossistas).

[33]Uma vez que é necessário comprar o equivalente a 6,6 [m] de areia fina e limpa, o preço final é de $62100 (sessenta e dois mil e cem pesos argentinos) ou USD 316,43 (trezentos e dezasseis dólares e quarenta e três cêntimos), correspondendo a 9 sacos de 0,75 [m].

Repelente de água: Será necessário um total de 29,89 [kg] de material repelente de água, que será utilizado para os rebocos. Considerando um desperdício de 10 %, serão necessários 33 [kg]. Como o número de baldes de 10 [kg] é baixo, isto permite um melhor manuseamento no local e menos desperdício.

Atualmente, o preço de um balde de 10 [kg] de material hidrófugo é de $2704,30 (dois mil setecentos e quatro pesos e trinta cêntimos argentinos) ou USD 13,78 (treze dólares e setenta e oito cêntimos americanos), (valor obtido através de consulta a grossistas).

Uma vez que é necessário comprar o equivalente a 33 [kg] de material hidrófugo, o preço final é de $ 10817,20 (dez mil oitocentos e dezassete pesos argentinos e vinte cêntimos) ou USD 55,12 (cinquenta e cinco dólares e doze cêntimos), correspondendo a 4 baldes de 10 [kg].

Resumo:

Correio	Quantidade	$	USD
Funcionário especializado	5	447456	2280.03057
Assistente		99200	505.48
Total		546656	2785.51

Quadro n.º 12: Resumo dos custos da mão de obra.

Material	Quantidade	$	USD
Cimento	8856[kg]	177600	904.97
Pedra	[3]20.47 [m]	354900	1808.41
Areia	[3]6.6 [m]	62100	316.43
Repelente de água	33 [kg]	10817.2	55.12
Total	-	594600	3084.93

Quadro n.º 13: Resumo dos custos dos materiais.

Obras completas	$	USD
Total	1141256	5870.44

Quadro n.º 13: Custo final dos trabalhos.

Com base no exposto, o custo total da obra, tendo em conta os elementos indicados, é de $ 11411256 (um milhão cento e quarenta e um mil duzentos e cinquenta e seis pesos argentinos) ou US $5870,40 (cinco mil oitocentos e setenta dólares e quarenta cêntimos).

Dado que a obra tem um comprimento de 371 [m], o custo por metro linear associado ao projeto proposto é de $ 3076,16 (três mil e setenta e seis pesos e dezasseis cêntimos argentinos) ou USD 15,67 (quinze dólares e sessenta e sete cêntimos americanos), considerando a mão de obra e os materiais. Se forem considerados apenas os materiais, o custo final por metro linear é de $1602,70 (mil seiscentos e dois pesos e setenta cêntimos argentinos) ou USD 8,17 (oito dólares e dezassete cêntimos americanos).

A percentagem do custo associada aos materiais é de 52%, enquanto a mão de obra representa os restantes 48%.

7. *Comparação de custos.*

É feita uma comparação de custos com as grelhas de aço atualmente utilizadas como solução para cobrir os esgotos pluviais da passagem pedonal.

Da consulta às entidades que podem fornecer as grelhas metálicas, obteve-se uma cotação final por metro linear de $ 17247,65 (dezassete mil duzentos e quarenta e sete pesos e sessenta e cinco cêntimos argentinos) ou USD 87,89 (oitenta e sete dólares e oitenta e nove cêntimos americanos). Obtendo-se um valor final para o 371 [m] igual a $ 6398878,15 (seis milhões trezentos e noventa e oito mil oitocentos e setenta e oito pesos argentinos e quinze cêntimos) ou USD 32605,75 (trinta e dois mil seiscentos e cinco dólares e setenta e cinco cêntimos).

Estes números mostram que é possível economizar até 90,7 % só em materiais, utilizando módulos de betão drenante. Considerando todos os custos associados (incluindo a mão de obra), o preço é ainda mais baixo e a percentagem de poupança é de 82,16%. Isto significa que, por cada metro linear construído com as grelhas metálicas atualmente utilizadas, poderiam ser construídos cerca de 5,6 metros lineares com os módulos de betão drenante concebidos.

Conclui-se, portanto, que não só se obtêm todos os benefícios da utilização do betão drenante, como também se reduzem os custos associados à construção das entradas de drenagem.

Capítulo IX

Análise de risco.

1. Introdução.

Neste capítulo, o projeto será abordado do ponto de vista dos riscos a que estará sujeito pelo ambiente e dos que ele próprio gerará em relação à sua localização.

A fim de identificar o tipo de análise a efetuar no âmbito da gestão dos riscos, o esquema seguinte apresenta as fases em que se subdivide geralmente um projeto de investimento de engenharia civil e o lugar deste Projeto Final.

Fases do PdI	Etapas da fase	Intervenção do GoR
Pré-investimento	Ideia	Análise e mapeamento de ameaças
	Perfil	
	Pré-viabilidade	**Análise da vulnerabilidade (exposição, fragilidade e resiliência)**
	Viabilidade	
	Projeto executivo	Identificação de medidas de redução dos riscos
Investimento	Execução	Aplicação de medidas de redução dos riscos
Funcionamento	Funcionamento e manutenção	Controlo e acompanhamento das medidas de redução dos riscos

Quadro n° 12: Intervenção da gestão dos riscos nas diferentes fases de um projeto de investimento. Fonte: notas de aula.

Na tabela acima, as células que identificam a fase em que se enquadra este projeto final de curso estão destacadas a verde. Assim, a análise da gestão do risco será abordada com ênfase na identificação de ameaças, tendo em conta as que ocorrem do ambiente para o projeto e do projeto para o ambiente.

Por outro lado, as vulnerabilidades serão analisadas de forma a avaliar possíveis intervenções de melhoria para mitigar ou eliminar os efeitos negativos produzidos pela ocorrência dos perigos identificados. Importa esclarecer que o objetivo desta gestão não é a eliminação do risco, mas sim uma "coexistência inteligente" com o mesmo, situação que só é possível se for efectuada uma correcta identificação e avaliação dos riscos durante a fase de pré-investimento. Esta avaliação é feita através da observação atenta dos cenários de desenvolvimento do projeto, de forma a antecipar potenciais falhas do sistema com acções e intervenções preventivas.

Segue-se uma definição de certos termos importantes para a correcta compreensão da análise que se segue.

• **Perigo:** é a existência de qualquer fator, fonte ou situação com a probabilidade de causar danos sociais, económicos ou ambientais durante um determinado período de tempo. Podem ser classificados como naturais, sócio-naturais e antropogénicos.

<u>Naturais:</u> são aqueles não produzidos pelo homem, ou seja, em que a atividade humana não intervém para a sua existência, tais como terramotos, erupções vulcânicas, alguns tipos de cheias, deslizamentos de terras, entre outros. Podem ainda ser subclassificados da seguinte forma.

Endógenas: terramotos, tsunamis, erupções vulcânicas.

Exógena: aluviões, deslizamentos de terra, avalanches, erosão fluvial.

Hidrometeorológicas: secas, furacões, ciclones, geadas, inundações fluviais e pluviais, granizo, queda de neve.

<u>Socio-naturais:</u> riscos causados por fenómenos naturais condicionados pela atividade humana, por exemplo, consequências das alterações climáticas, inundações devidas à falta de planeamento, etc.

<u>Antrópicos:</u> riscos que existem exclusivamente devido à atividade humana, tais como fugas e derrames de substâncias químicas, explosões ou incêndios de materiais armazenados ou manipulados pelo homem, desmoronamentos em escavações, etc. São todas situações que não seriam possíveis sem a atividade humana.

*   **Vulnerabilidade:** condições determinadas por factores ou processos físicos, sociais, económicos e ambientais que aumentam a suscetibilidade e a exposição de sistemas e/ou pessoas ao impacto dos perigos.

*   **Risco:** o potencial de danos para pessoas ou sistemas expostos, dependendo da probabilidade de ocorrência de perigos e do grau de vulnerabilidade do sistema ou conjunto de pessoas em análise.

2. *Descrição da análise.*

A análise será efectuada com base no seguinte tipo de quadro fornecido pelo presidente:

Artigo	Situação			Risco		Intervenção de melhoria	
	Aplica-se	Não aplicável	Não definido	Ameaça	Vulnerabilidade	Ação	Melhorar

Tabela n.º 13: Tabela de modelos para a análise de risco. Fonte: notas de aula.

O primeiro passo é indicar os itens predefinidos que são objeto de avaliação desta metodologia. Em seguida, na coluna "situação", será assinalado se o item mencionado se aplica ao problema do presente projeto.

São analisadas situações como, por exemplo, o ruído provocado pelos martelos pneumáticos, que pode atingir 100 decibéis a 2 metros, constituindo um risco de perda de audição devido ao uso contínuo, sendo o principal sintoma a sensação de zumbido. No caso de um martelo manual, o operador deve usar protectores auriculares de segurança anti-ruído, e devem ser tidas em conta as horas de silêncio estabelecidas nas zonas urbanas e os limites máximos de decibéis.

No quadro serão utilizadas as seguintes abreviaturas.

*   **V.A.:** Elevada exequibilidade. A intervenção pode ser realizada de forma relativamente simples, com a simples aplicação de elementos de segurança, planeamento de actividades ou outras medidas.

*   **V.M.:** Viabilidade moderada. A formação e o acompanhamento regular são necessários para garantir a eficácia da intervenção.

*   **V.B.:** Baixa viabilidade. A intervenção requer estudos especiais e não garante uma redução significativa do risco.

As tabelas completas encontram-se em anexo, uma para a Gestão dos Riscos do Ambiente para o Projeto e outra para a Gestão dos Riscos do Projeto para o Ambiente.

Da observação dos quadros, verifica-se que a maior parte das medidas de mitigação dos riscos são altamente exequíveis e representam questões básicas que, na maior parte dos casos, são tidas em consideração quando se analisam projectos desta natureza. No entanto, há riscos que são difíceis de reduzir. Estes são atribuídos a tarefas quotidianas características deste tipo de obras, que podem ocasionalmente gerar algum tipo de incómodo para os sectores sociais afectados pela obra.

Da mesma forma, um projeto como este visa proporcionar uma melhoria essencial da qualidade de vida da população local, pelo que é possível que os inconvenientes gerados pelas obras sejam compreendidos e aceites por uma grande parte da sociedade.

Capítulo X
Impacto ambiental.

1. Introdução.

A Avaliação de Impacto Ambiental (AIA) é o procedimento obrigatório para identificar, prever, avaliar e mitigar os potenciais impactos que um projeto, obra ou atividade pode causar ao ambiente a curto, médio e longo prazo; é um instrumento que é aplicado antes de se tomar uma decisão sobre a implementação de um projeto [55].

Quando aplicada numa fase anterior à execução de um projeto, a avaliação de impacto ambiental permite procurar alternativas e selecionar a melhor para o cumprimento dos objectivos do projeto, integrando a variável ambiental desde o início. Isto permite trabalhar sobre as variáveis endógenas do projeto e não sobre as exógenas, ou seja, trabalhar sobre o que pode causar um impacto ambiental e mitigá-lo antes que este ocorra, caso contrário apenas se podem tomar medidas paliativas sobre os impactos já produzidos ou os que inevitavelmente serão gerados pelo projeto executado.

O conteúdo que deve ser apresentado à autoridade ambiental no documento técnico central do procedimento, denominado Estudo de Impacto Ambiental, é desenvolvido a seguir. Este estudo deve conter uma descrição do projeto, um diagnóstico ambiental, o enquadramento legal, a identificação e avaliação dos potenciais impactes ambientais que o projeto pode causar em todas as suas fases e as medidas de mitigação para os resolver, devendo estas últimas ser estruturadas num Plano de Gestão Ambiental.

2. Área de influência direta e indireta.

<u>Direta:</u> Considera-se constituída pela área urbana afetada, os núcleos populacionais que a integram e o espaço onde se localizará a obra e que durante a fase de construção terá o local do estaleiro e do depósito. A área de influência direta do projeto é a sub-bacia onde se realizarão as obras, sendo a área onde se fará sentir a maior influência devido às modificações introduzidas no sistema de drenagem urbana. Além disso, os vizinhos e transeuntes serão mais afectados pela fase de construção, com ruídos e interrupções na zona pedonal.

Figura nº 82: Área de influência direta do projeto [13].

<u>Indireta:</u> Corresponde ao espaço físico no qual um componente ambiental diretamente afetado perturba, por sua vez, um ou mais componentes ambientais não diretamente relacionados com o projeto. A área de influência indireta do projeto é toda a cidade de Santa Fé, uma vez que todos os habitantes beneficiarão da redução da poluição ambiental como resultado do trabalho realizado. Beneficiarão também da redução de custos na aplicação dos módulos. Por outro lado, como o projeto está localizado na zona central da cidade, considera-se que uma grande percentagem de habitantes frequenta a zona para diversas actividades, pelo que serão

afectados negativamente pelo ruído e pelas interrupções na zona pedonal.

Figura n° 83: Área de influência indireta do projeto [56].

3. Quadro jurídico.

O objetivo deste ponto do Estudo de Impacto Ambiental é apresentar os regulamentos legais ambientais aplicáveis ao projeto, de acordo com o tipo de obra ou atividade, a localização e os aspectos ambientais identificados. Inclui também a regulamentação nacional, provincial e municipal aplicável em função da localização do projeto. Contém igualmente os tratados internacionais em matéria de ambiente que tenham sido adoptados pelo país e que devam ser considerados quando apropriado.

Todos os artigos da Constituição Nacional, leis nacionais e provinciais e decretos municipais com relevância ambiental devem ser indicados com uma breve descrição do que indicam.

Constituição Nacional: [57].

Artigo 41°: todos os habitantes têm direito a um ambiente são, equilibrado e adequado ao desenvolvimento humano e às actividades produtivas, de modo a satisfazer as necessidades presentes sem comprometer as das gerações futuras, e têm o dever de o preservar.

Artigo 43.°: Qualquer pessoa pode intentar, com prontidão e celeridade, desde que não exista outro meio processual mais adequado, uma ação de amparo contra qualquer ato ou omissão das autoridades públicas ou de particulares que lese, restrinja, altere ou ameace, com manifesta arbitrariedade ou ilegalidade, direitos e garantias reconhecidos pela presente Constituição, por um tratado ou por uma lei.

Legislação nacional: [58] (São enumeradas as leis consideradas principais para o projeto).

Lei n.° 25.675, "Lei Geral do Ambiente": estabelece os requisitos mínimos para a obtenção de uma gestão sustentável e adequada do ambiente, a preservação e proteção da diversidade biológica e a implementação do desenvolvimento sustentável. A política ambiental argentina está sujeita ao cumprimento dos seguintes princípios: congruência, prevenção, precaução, equidade intergeracional, progressividade, responsabilidade, subsidiariedade, sustentabilidade, solidariedade e cooperação.

Lei n.° 25.831: Garante o direito de acesso à informação ambiental detida pelo Estado, a nível nacional, provincial, municipal e da Cidade Autónoma de Buenos Aires, bem como por entidades autónomas e prestadores de serviços públicos, públicos, privados ou mistos.

Lei n° 25.612: Regulamenta a gestão integrada de resíduos industriais e de resíduos de atividades de serviços gerados em todo o território nacional e derivados de processos industriais ou de atividades de serviços.

Lei nº 25.670: Sistematiza a gestão e a eliminação de PCBs, em todo o território da Nação, nos termos do art. 41 da Constituição Nacional. Proíbe a instalação de equipamentos contendo PCBs e a importação e entrada no território nacional de PCBs ou equipamentos contendo PCBs.

Lei N° 25.688: Estabelece os orçamentos ambientais mínimos para a preservação da água, sua exploração e uso racional. Para as bacias interjurisdicionais, são criados comités de bacia hidrográfica.

Lei n.° 25.916: regulamenta a gestão dos resíduos domésticos.

Lei n.° 20.284: **Tem como objetivo a prevenção da poluição atmosférica, estabelece regras a aplicar a todas as fontes capazes de produzir poluição atmosférica localizadas na jurisdição federal e na jurisdição das províncias que a ela aderem.**

Lei nº 20.284: Tem por objetivo estruturar e implementar um programa nacional envolvendo todos os aspectos relacionados às causas, efeitos, abrangência e métodos de prevenção e controle da poluição atmosférica.

Lei nº 19.587: Normas modificativas e complementares regulamentam medidas que visam preservar a integridade psicofísica dos trabalhadores, de modo a reduzir acidentes e doenças ocupacionais, bem como os riscos decorrentes dos diferentes fatores da atividade laboral.

Lei nº 24.557: Normas modificativas e complementares, compõem o marco regulatório que institui o novo sistema integral de prevenção de riscos profissionais (SIPRIT), e o regime jurídico das seguradoras de riscos profissionais (ART).

<u>Leis provinciais:</u> [59] (São enumeradas as leis consideradas principais para o projeto).

Lei N° 11.717: Estabelece, no âmbito da política de desenvolvimento integral da Província, os princípios orientadores para preservar, conservar, melhorar e recuperar o meio ambiente, os recursos naturais e a qualidade de vida da população. Assegurar o direito inalienável de cada pessoa a usufruir de um ambiente saudável, ecologicamente equilibrado e adequado ao desenvolvimento da vida e à dignidade do ser humano.

Lei n.° 10.000: Estabelece o recurso administrativo contra qualquer decisão, ato ou omissão que, violando as disposições em vigor, prejudique os interesses simples ou difusos dos habitantes da província de Santa Fé na proteção da saúde pública, na conservação da fauna, da flora e da paisagem, na proteção do ambiente, na preservação do património histórico, cultural e artístico, na correcta comercialização de bens à população e, em geral, na defesa de valores semelhantes da população.

Lei n.° 11.872: Proíbe a deservagem por meio de fogo, a instalação de qualquer tipo de depósito de resíduos a céu aberto, público ou privado, a geração de fumos ou gases que possam causar riscos para a circulação nas estradas e caminhos-de-ferro provinciais e nacionais, sem que sejam tratados com técnicas que evitem essas consequências.

Lei nº 11.717: Substitui a regulamentação dos artigos 22 e 23 da Lei nº 11.717 que cria a Secretaria de Estado de Meio Ambiente e Desenvolvimento Sustentável. Regulamenta aspectos relacionados aos seguintes assuntos: cadastros de consultores; de geradores, operadores e transportadores; de infratores; estabelece regras relacionadas à documentação, a saber: Manifesto; Certificado de Aptidão Ambiental, Taxa adicional anual para geração e operação de resíduos perigosos; taxa administrativa para transportadores de resíduos perigosos.

Lei nº 11.220: Marco regulatório aplicável à prestação de serviços de abastecimento de água potável e esgotamento sanitário. Determina que os efluentes industriais devem obedecer aos padrões de qualidade, concentração de substâncias e volumes contidos no Anexo B da Lei

11.220.

<u>Regulamentos municipais:</u> [60] (São enumerados os regulamentos considerados principais para o projeto).

Portaria N° 11.017: AVALIAÇÃO DE IMPACTO AMBIENTAL. O Estudo de Impacto Ambiental é entendido como o procedimento técnico administrativo destinado a identificar e interpretar, bem como a prevenir os efeitos a curto, médio e longo prazo que as actividades, projectos, programas ou empreendimentos públicos ou privados podem causar ao ambiente. Entende-se por Impacto Ambiental qualquer alteração líquida, positiva ou negativa, provocada no meio ambiente como consequência direta ou indireta de acções antrópicas que possam produzir alterações susceptíveis de afetar a saúde e a qualidade de vida, a capacidade produtiva dos recursos naturais e os processos ecológicos essenciais.

4. Diagnóstico ambiental.

Foram realizados levantamentos de campo para determinar as condições actuais do local a intervir e foram observados problemas de acumulação de resíduos nas condutas de drenagem pluvial, o que deu início à proposta de projeto. O levantamento acima referido pode ser observado na imagem seguinte.

Figura n.º 84: Resíduos urbanos nos colectores de águas pluviais no passeio pedonal de Santa Fé.

5. Análise dos impactos ambientais.

O Estudo de Impacto Ambiental permite identificar, analisar e descrever os impactos que o projeto terá no seu meio envolvente (meio físico, biológico e sócio-cultural-económico).

O procedimento a utilizar para a verificação de uma interação entre a causa (ação considerada) e o seu efeito no ambiente (factores ambientais), será materializado através da elaboração de Matrizes de Interação e Identificação de Impactes Ambientais, em que cada célula cruzada entre causa e efeito representa um possível impacte para cada fase do projeto.

5.1. Metodologia.

A metodologia consiste na identificação e avaliação das interacções da componente ambiental em relação às actividades do projeto, de acordo com as fases de construção, exploração e encerramento, para posteriormente obter uma avaliação qualitativa-quantitativa dos impactes, através de parâmetros de importância e magnitude, e finalmente categorizar os impactes ambientais em altamente significativos, significativos, negligenciáveis e positivos.

Para a elaboração da Matriz de Identificação de Impactos Ambientais do projeto, será feita uma Matriz de Leopold, que considera nas colunas (ações das obras) e nas linhas os fatores ambientais. Desta forma é apresentada toda a área de estudo, de forma a iniciar a identificação do carácter do impacto ambiental em positivo ou negativo (+/-). Quando se espera um impacto, a célula apropriada da matriz é dividida diagonalmente do canto superior direito para o canto inferior esquerdo, para colocar a magnitude e a importância de cada interação. A magnitude tem valores de -10 a +10 e é colocada no canto superior esquerdo, enquanto a importância tem valores de 1 a 10 e é inserida no canto inferior direito.

As medidas de magnitude e de importância tendem a estar relacionadas, mas não estão necessariamente diretamente correlacionadas. A magnitude pode ser medida de forma mais tangível, considerando a área afetada pelo desenvolvimento ou a sua gravidade, enquanto a importância é uma medida subjectiva. Embora um projeto proposto possa ter um grande impacto em termos de magnitude, os efeitos causados podem não ser realmente significativos para o ambiente.

Embora a metodologia envolva a análise de 8800 interacções entre acções e factores que podem ter impactos, será desenvolvida uma versão resumida que considerará as principais acções da fase de construção, tendo em conta os factores que estão normalmente envolvidos em projectos semelhantes e para os quais existe informação suficiente para os analisar.

5.1.1. Classificação dos impactos.

Cada impacto ambiental é classificado de acordo com o seu nível de importância e magnitude, e de acordo com o seu sinal, positivo ou negativo. Para generalizar estes critérios, optou-se por efetuar uma média geométrica da multiplicação dos valores de importância e magnitude. O resultado desta operação é designado por Valor de Impacto e corresponde à seguinte equação:

$$Valor \text{ do impacto} = \pm(\text{Significância} \times \text{Magnitude})^{0,5}$$

Por conseguinte, um impacto ambiental pode atingir um valor de impacto entre um máximo de 10 e um mínimo de 1. A categorização dos impactos ambientais avaliados será feita com base no valor de impacto, considerando quatro categorias de impacto com as respectivas cores de identificação:

Altamente significativo	
Significativo	
Desprezível	
Positivos	

Quadro 14: Categorias de impacto.

Impactos altamente significativos: Os de natureza negativa, cujo "Valor de Impacto" é maior ou igual a 6,5, correspondem aos efeitos de elevada incidência sobre o fator ambiental, de difícil correção, de extensão generalizada, com um tipo de efeito irreversível e de duração permanente.

Impactos significativos: São aqueles de natureza negativa, cujo Valor de Impacto é inferior a 6,5 mas maior ou igual a 4,5, cujas características são, exequíveis de corrigir, de extensão local e de duração temporária.

Negligenciáveis: Correspondem a todos os impactes de natureza negativa, com um valor de impacte inferior a 4,5. Pertencem a esta categoria os impactes que podem ser corrigidos durante a execução do Plano de Gestão Ambiental, caracterizando-se por serem reversíveis, de duração esporádica e com uma influência específica.

Positivos: São os de natureza positiva, benéficos, vantajosos, positivos ou favoráveis produzidos durante a execução do projeto e que contribuem para a promoção do projeto, sem causar danos ao ambiente.

A matriz pode ser consultada no quadro 17 do anexo.

Como resultado da matriz de Leopold, os resultados podem ser resumidos no gráfico seguinte.

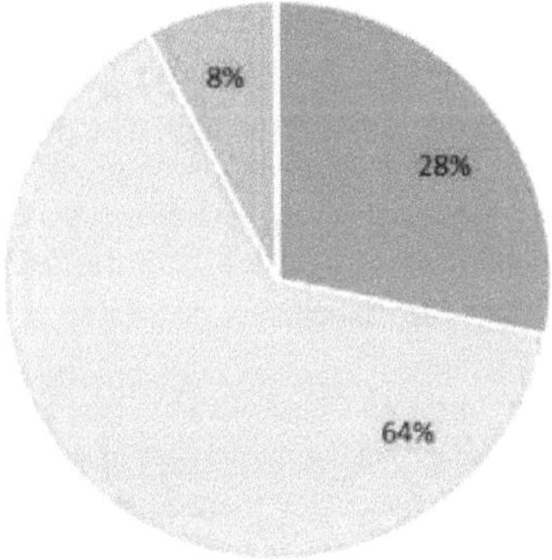

Quadro n.º 85: Gráfico dos resultados da AIA.

Verifica-se que, na sua fase de construção, o projeto gera impactos negativos pouco significativos.

Por outro lado, os factores ambientais mais afectados negativamente são os correspondentes ao meio físico, como as demolições, os trabalhos de alvenaria e a produção de resíduos. Por outro lado, o ambiente socioeconómico é afetado pelos efeitos negativos na acessibilidade às habitações, às empresas e ao tráfego normal dentro da área intervencionada.

Os efeitos positivos são ao nível da flora e da fauna, uma vez que o projeto reduz a poluição ambiental. Existem ainda benefícios ao nível da criação de emprego, ao nível dos serviços públicos devido à diminuição dos resíduos nas condutas de águas pluviais e ao nível da paisagem, pois considera-se que os módulos de betão drenante apresentam uma maior uniformidade de cor e materialidade com os materiais que atualmente compõem o pavimento pedonal, comparativamente às grelhas metálicas.

Factores ambientais com o nível mais elevado de impacto ambiental negativo:

Ruído e vibrações: a utilização de maquinaria de demolição pode gerar um aumento temporário dos níveis de ruído, que afectará os trabalhadores, os vizinhos e os transeuntes.

Partículas: Os trabalhos de demolição e de alvenaria podem produzir quantidades significativas de poeiras que ficarão temporariamente suspensas no ar, afectando os trabalhadores, os vizinhos e os transeuntes. Os resíduos produzidos também podem gerar este tipo de partículas.

Na introdução do presente trabalho, a situação problemática percebida foi detalhada, a partir daí, os objectivos do projeto, as possíveis soluções e, através do esquema do quadro lógico, uma solução óptima para o problema colocado, que cobre a situação de forma abrangente e cumpre os objectivos. Por conseguinte, não se deve perder de vista o facto de que a solução proposta é uma das muitas soluções possíveis e não deve ser tomada como absoluta.

Para detalhar as conclusões do trabalho, é necessário relembrar o problema ao qual este trabalho pretendeu dar resposta, que manifestou o défice de gestão da água em meio urbano, indicando como área a abordar o aumento do desperdício nas águas pluviais (figura 15). Com base nisto, foi proposta a construção de estruturas formadas por elementos de betão drenante na entrada dos esgotos urbanos, com o objetivo de contribuir para a gestão integrada das águas urbanas, reduzindo os resíduos urbanos que entram nos esgotos, ou seja, filtrando a água antes de entrar nas condutas pluviais. Esta água é depois descarregada nos cursos de água naturais sem qualquer tipo de tratamento, reduzindo assim o índice de poluição ambiental associado às águas pluviais.

A partir daí, é possível observar os progressos realizados, que ajudarão a responder a um dos maiores problemas que a sociedade mundial enfrenta atualmente, a poluição ambiental.

Em primeiro lugar, demonstrou-se que tanto o material como o módulo concebido têm permeabilidade suficiente para descarregar o caudal produzido pela tempestade de projeto e a área que contribui para os drenos da passagem pedonal. Isto é essencial, uma vez que, se apenas se observar a capacidade de filtração, pode ocorrer um fenómeno de acumulação de água e gerar inundações.

Além disso, foi gerado um modelo numérico de betão permeável sujeito a um escoamento bidimensional num meio permeável parcialmente saturado, utilizando coeficientes obtidos a partir de ensaios experimentais, de modo a simular o percurso e a velocidade do escoamento no interior do material e a corroborar que o escoamento pode fluir corretamente.

Os valores indicam a elevada capacidade de infiltração dos betões permeáveis, o que permite a sua utilização em componentes de drenagem urbana, como os propostos ou outros elementos de maior complexidade geométrica que também podem ser estudados através desta metodologia, tornando-os uma ferramenta plausível de projeto.

Foi então demonstrado que o material tem a capacidade de filtragem necessária para reter os resíduos urbanos da água que entra nos colectores, uma vez que a sua estrutura porosa permite que a água entre nos colectores mas que os resíduos maiores que 16 [mm] permaneçam na superfície. Este é o ponto principal do projeto, do qual se conclui que a utilização dos módulos, tal como proposto, reduzirá a quantidade de resíduos que entram nos colectores pluviais, reduzindo assim os entupimentos nos colectores, aumentando a sua durabilidade e, finalmente, reduzindo a poluição do curso de água natural que recebe o excesso de água da chuva não tratada.

Em terceiro lugar, o módulo foi verificado mecanicamente, uma vez que estaria sujeito à passagem de veículos ligeiros. Para o efeito, foi realizado um modelo computacional onde todas as características mecânicas do material a analisar foram carregadas com a geometria da estrutura concebida e a configuração de cargas a que o módulo estaria sujeito. A estrutura respondeu de forma satisfatória e com uma ampla margem de resistência, provando assim que o módulo resistirá corretamente.

É de salientar que, após um cálculo dos materiais e da mão de obra necessários para a obra projectada, se concluiu que os custos associados à execução da obra projectada são inferiores à alternativa atualmente utilizada com grelhas metálicas. Os valores obtidos demonstram que só em materiais se pode poupar até 90,7% com a utilização dos módulos de betão drenante e que, considerando todos os custos (incluindo mão de obra), a percentagem de poupança é de 82,16%. Isto indica que, por cada metro linear construído com as grelhas metálicas atualmente utilizadas, poderiam ser construídos cerca de 5,6 metros lineares com os módulos de betão drenante concebidos neste trabalho.

Recomendações:

Esta secção especificará os estudos e investigações futuros recomendados a realizar para garantir o correto desempenho da estrutura concebida e para melhorar a compreensão do seu funcionamento.

Em primeiro lugar, sugere-se a realização de ensaios para avaliar a taxa de colmatação dos módulos, utilizando amostras representativas do agregado fino e dos resíduos característicos (mais presentes) na passagem pedonal de Santa Fé. Isto permitirá estimar com maior exatidão a durabilidade do módulo em termos de permeabilidade e prever períodos de limpeza em função dos resultados obtidos.

Em segundo lugar, salienta-se a importância de efetuar simulações de escoamento em 3D com dados recolhidos em exames de tomografia computorizada. Esta informação pode ser utilizada para gerar volumes tridimensionais da estrutura interna do material e, a partir daí, observar o comportamento do fluido na matriz do betão drenante. Dentro desses estudos, pode-se também incorporar uma simulação de entupimento, permitindo perceber as áreas onde o entupimento ocorreria com maior velocidade.

Relativamente ao funcionamento da estrutura, recomenda-se a monitorização dos módulos uma vez instalados, de modo a corroborar a variação da permeabilidade ao longo do tempo e se existe uma deterioração considerável do material.

Referências

↑ **[1]** Nações Unidas, Departamento de Assuntos Económicos e Sociais, Divisão de População (2022). Perspectivas da população mundial 2022, edição online.

↑ **[2]** Nações Unidas. Perspectivas de urbanização mundial: a revisão de 2018 (2018). Online: https://population.un.org/wup/Publications/Files/WUP2018-KeyFacts.pdf

↑ **[3]** LIYA ESHETU ABERA, (2015). Análise de concreto permeável como uma ferramenta de gerenciamento de águas pluviais usando modelagem Swmm. Universidade do Mississippi.

↑ **[4]** ALEJANDRO SECCHI, ROSANA MAZZÓN, (2015). Regulação dos excedentes de águas pluviais em bacias hidrográficas urbanas.

↑ **[5]** JHA ABHAS, JESSICA LAMOND, ROBIN BLOCH, (2011). Five Feet High and Rising: Cidades e Inundações no Século XXI. Banco Mundial. Região da Ásia Oriental e do Pacífico. Unidade de Transportes, Energia e Desenvolvimento Urbano Sustentável.

↑**[6]** Jornal El Litoral. "Poluição alarmante na lagoa de Setúbal". Área metropolitana. https://www.ellitoral.com/area-metropolitana/alarmante-contaminacion-laguna-setubal_0_1OWc4TnBQ4.html

↑ **[7]** J. LAMOND, N. BHATTACHARYA, R. BLOCH (2012). O papel da gestão de resíduos sólidos como resposta ao risco de inundação urbana nos países em desenvolvimento, uma análise de estudo de caso.

↑ **[8]** MARIO LEANDRO CASTRO ESPINOSA, (2011). Pavimentos permeáveis como alternativa para a drenagem urbana. Pontificia Universidad Javeriana, Bogotá Colômbia.

↑ **[9]** YU Kongjian; LI Dihua; YUAN Hong; FU Wei; QIAO Qing; WANG Sisi (2015). "Cidade esponja: teoria e prática.

↑ **[10]** THU THUY NGUYEN, HUU HAO NGO, (2018). Implementação de uma gestão específica da água urbana - Sponge City. Universidade de Tecnologia de Sydney, Instituto de Tecnologia de Harbin e Universidade de Arquitetura e Tecnologia de Xi'an.

↑ **[11]** CONVÊNIO INA-MCSF (2015). Ato Complementar nº 13, Relatório Final. Estudo de áreas críticas devido a inundações frequentes na cidade de Santa Fé. Relatório Final.

↑ **[12]** AGUIRRE DIEGO, ARGENTO ROMINA, (2021). Hº de drenagem como regulador dos excedentes pluviais. Universidade Tecnológica Nacional, Faculdade Regional de Santa Fé.

↑ **[13]** Plano completo atualizado (2019). Departamento de Engenharia e Projectos. Direção de Engenharia. Secretaria de Assuntos Hídricos e Gestão de Riscos. Cidade de Santa Fé.

↑ **[14]** Jornal El Litoral. "La Municipalidad instaló una estación de bombeo en avenida Freyre y Catamarca". Área metropolitana.https://www.ellitoral.com/area-metropolitana/municipalidad-_instalo-estacion-bombeo-station-avenida-freyre-catamarca_0_xpCem0YXYZ.html

↑ **[15]** Santa Fe (Argentina): Departamentos e localidades - Estatísticas demográficas, gráficos e mapas. http://www.citypopulation.de/php/argentina-santafe.php

↑ **[16]** MINISTÉRIO DA SAÚDE E DO AMBIENTE; SECRETARIA DO AMBIENTE E DO DESENVOLVIMENTO SUSTENTÁVEL. República Argentina (2005). Estratégia nacional para a gestão integrada de resíduos sólidos urbanos.

↑ **[17]** SAATY, THOMAS; MCGRAW HILL (1998). The Analytical Hierarchy Process.

↑ **[18]** XIN GUAN, JIAYU WANG, FEIPENG XIAO (2021). Estratégia da cidade esponja e aplicação de materiais de pavimentação na cidade esponja. Laboratório chave de engenharia rodoviária e de tráfego do Ministério da Educação, Universidade de Tongji, Xangai, 201804,

China.

↑ [19] Jornal El Litoral. "Atan con cadenas las bocas de tormenta para evitar que las sigan las robando". Cidade de Santa Fé, área metropolitana. https://www.ellitoral.com/area-metropolitana/atan-cadenas-bocas-tormenta-evitar-sigan-robando 0 oXIWOU4oE9.html

↑ [20] **Ph**.D. KARTHIK H. OBLA (2010). Concreto permeável - uma visão geral. O jornal indiano do concreto.

↑ [21] ENG. DANIEL PÉREZ RAMOS (2005). Estudo experimental de betões permeáveis com agregados andesíticos. Programa de Mestrado e Doutoramento em Engenharia, Faculdade de Engenharia, Universidade Nacional Autónoma do México. México, D.F.

↑ [22] KLEIN, N. (2019) Offenporiger Beton. *Lärmarme Straßenoberflächen, Spezialbetone.* Technische Universität München.

↑ [23] INSTITUTO AMERICANO DO BETÃO. ACI 522R-10 (2011). Relatório sobre betão permeável.

↑ [24] DESAI, DHAWAL. (2014). Concreto permeável - Efeito das proporções de material na porosidade. Portal de Engenharia Civil Diperoleh, 22.

↑ [25] Heidelbergbeton. Der offenporige Beton - versickerungsfähig und schallasbsorbierend. Pilot projekt einer Werksstraße in Dränbetonbauweise. https://www.heidelbergcement.de/de/beton/pervacrete

↑ [26] WILLIAM R. SELBIG. (2019). Avaliando os benefícios potenciais do pavimento permeável na quantidade e qualidade do escoamento de águas pluviais. Serviço Geológico dos Estados Unidos.

↑ [27] M. HARSHAVARTHANABALAJI, M. R. AMARNAATH, R.A.KAVIN, S. JAYA PRADEEP (2015). Projeto de concreto permeável ecológico. Jornal Internacional de Engenharia Civil e Tecnologia (IjCIET).

↑ [28] VAHID ALIMOHAMMADI, MEHDI MAGHFOURI (2021). Tratamento de escoamento de águas pluviais usando concreto permeável modificado com vários nanomateriais: uma revisão abrangente. Sustainability 2021, 13, 8552. https://doi.org/10.3390/su13158552.

↑ [29] DAN HUFFMAN (2008). Pavimento permeável. Associação Nacional do Betão Pronto NRMCA.

↑ [30] ANTHONY TORRES, jIONG HU, AMY RAMOS (2015). O efeito da espessura da pasta cimentícia no desempenho do betão permeável.www.elsevier.com/locate/conbuildmat

↑ [31] ENG. FERNANDO IMAZ, ENG. IVAN SORBA (2018). Risco nas atividades de construção civil, Ergonomia - Movimentação manual de cargas. Engenharia Civil. UTN FRSF.

↑ [32] Instituto Nacional da Água, Região Semi-Árida, Secção Central. "Lluvias de Diseño". https://www.ina.gov.ar/cirsa/hidrologia/pdf/INA CIRSA Lluvias de Diseno.pdf ↑ [33] Memorando N° 010/ 2017. Província de Santa Fé. Ministério das Infra-estruturas e Transportes.

↑ 34] Tabelas, curvas e gráficos do Ministério de Infra-estruturas e Transportes da Província de Santa Fé (Período 1965 - 2000).

↑ [35] PIERRE HORGUE, JAQUES FRANC, ROMAIN GUIBERT, GÉRALD DEBENEST. (2015) Uma extensão da caixa de ferramentas de código aberto POROUSMULTIPHASEFOAM dedicada a fluxos de água subterrânea resolvendo a equação de Richard. INPT, UPS, IMFT (Institut de Mécanique des Fluides de Toulouse), Université de Toulouse.

↑ **[36]** Prof. Dr.-Ing. KAI-UWE BLETZINGER (2019). Einführung in die Finite-Elemente-Methode. Technische Universität München.

↑ **[37]** https://www.openfoam.com/

↑ **[38]** Norma Internacional ISO/ IEC/ IEEE - Engenharia de sistemas e software. ISO/ IEC/ IEEE 24765:2010(E). pp. vol., no., pp.1-418.

↑ **[39]** IALY RAYANE de AGUIAR COSTA, ARTUR PAIVA COUTINHO (2020). Sensibilidade de parâmetros hidrodinâmicos na simulação de processos de transferência de água em um Pavimento permeável. Universidade Federal de Pernambuco, Recife e Caruaru, PE, Brasil.

↑ **[40]** IGNACIO CORAZZA (2022). Desempenho hidráulico e capacidade de filtragem de resíduos urbanos de um módulo de drenagem de concreto para entradas de drenagem pluvial urbana. Jornada de Investigadores Tecnológicos 2022, Grupo de Investigación en Métodos Numéricos en Ingeniería.

↑ **[41]** QIONG LIU, LIANG LI, LARS VABBERSGAARD ANDERSEN, MIN WU. (2022). Estudar o dano por abrasão do concreto para estruturas hidráulicas sob várias condições de fluxo. Cement and Concrete Composites. www.elsevier.com/locate/cemconcomp

↑ **[42]** JIONG ZHANG, GUODONG MA, RUIPING MING, XINZHU ANG CUI, LI LI, HUINING XU. (2017). Estudo numérico sobre o fluxo de infiltração em concreto permeável com base em imagens de TC 3D. www.elsevier.com/locate/conbuildmat

↑ **[43]** COULSON, J. M., J. F. RICHARDSON, J. R. BACKHURST; J. H. HARKER. (2003). Engenharia química: operações básicas "Capítulo 9: Filtração".

↑ **[44]** VANESSA PUDERBACH, KILIAN SCHMIDT, SERGIY ANTONYUK (2021). Um modelo CFD-DEM acoplado para simulação resolvida da formação de bolo de filtro durante a separação sólido-líquido. Instituto de Engenharia de Processos de Partículas, Technische Universität Kaiserslautern.

↑ **[45]** KARA ROGERS (2022). Grande mancha de lixo do Pacífico. Britannica.

↑ **[46]** MARIA EUGENIA GARAT, GUSTAVO ROBERTO LARENZE, ALBERTO JOSE PALACIO, JORGE DANIEL SOTA (2019). Desempenho Hidrológico e Propriedades Físico-Mecânicas de Concretos Porosos Elaborados com Agregados da Província de Entre Ríos. Grupo de Investigación en Ingeniería Civil, Materiales y Ambiente (GIICMA) Universidad Tecnológica Nacional - Facultad Regional Concordia.

↑ **[47]** KIA ALALEA, HONG S. WONG, C.R. CHEESEMAN. (2017). Entupimento em concreto permeável: uma revisão. Jornal de Gestão Ambiental.

↑ **[48]** GHUFRAN H. FAISAL, ALI J. JAEEL, THAAR S. AL-GASHAM. (2020). Redução de DBO e DQO usando pavimentos de concreto poroso. Departamento de Engenharia Civil, Universidade de Wasit, Wasit, Iraque.

↑ **[49]** Departamento de Transportes dos EUA. Administração Nacional de Segurança do Tráfego Rodoviário. DOT HS 810 561 O pneu pneumático.

↑ **[50]** DANIEL GARCIA, POZUELO RAMOS (2008). Modelo de contacto pneumático-estrada a baixa velocidade. Universidade Carlos III de Madrid.

↑ **[51]** Associação Americana de Funcionários de Estradas Estaduais e de Transportes. Guia da AASHTO para o projeto de estruturas de pavimento (1993).

↑ **[52]** MINISTÉRIO DO TRABALHO, EMPREGO E SEGURANÇA SOCIAL (2003). Ministério do Trabalho, Emprego e Segurança Social. HIGIENE E SEGURANÇA NO TRABALHO. Resolução 295/2003.

↑ **[53]** Martelo mecânico. Instalação de placas e sinais de trânsito em Pereira - Colômbia. 21

de dezembro de 2008. https://es.wikipedia.org/wiki/Martillo_mec%C3%A1nico

↑ **[54]** Acordo coletivo de trabalho entre o Sindicato dos Trabalhadores da Construção da Argentina (UOCRA), a Câmara Argentina da Construção (CAMARCO) e a Federação Argentina de Entidades da Construção (FAEC) (dezembro de 2022).

↑ **[55]** Avaliação do impacto ambiental. Ministerio de Ambiente y Desarrollo Sostenible de la Nacion. https://www.argentina.gob.ar/ambiente/desarrollo-sostenible/evaluacion-ambiental/evaluacion-de-impacto-ambiental.

↑ [56]https://ide.ign.gob.ar/portal/apps/Profile/index.html?appid=89b630dced514e8a922d0f9957ce925a

↑ **57]** Ministério da Justiça e dos Direitos Humanos. Presidência da Nação. Informações Legislativas. http://servicios.infoleg.gob.ar/infolegInternet/anexos/0-4999/804/norma.htm

↑ **[58]** Ministério da Justiça e dos Direitos Humanos. https://www.argentina.gob.ar/normativa

↑ **[59]** Província de Santa Fé. https://www.santafe.gov.ar/normativa/

↑ **[60]** Conselho de Santa Fé. Portarias. https://www.concejosantafe. gov.ar/ordinances/

Anexo

Item	Situação			Risco		Intervenção de melhoria	
	Aplica-se	Não aplicável	Não definido	Ameaça	Vulnerabilidade	Ação	Melhorar
Física e terreno	✓	-	-	Inundações	O declive da cidade tende a ser horizontal. Capacidade de escoamento suficiente para fazer face ao excesso de precipitação.	Assegurar o livre fluxo de água na conduta.	V.A.
				Deslizamento de terras	Não existem formações geológicas como colinas, serras ou montanhas nas proximidades. Não são efectuados trabalhos de escavação.	-	V.A.
				Danos no equipamento	Os trabalhos não requerem a utilização de grandes equipamentos nem longos períodos de utilização.	Considerar a compra de ferramentas sobresselentes para não interromper o progresso do trabalho.	V.A.
				Acidentes de trabalho	Os trabalhadores não trabalham em altura. A drenagem aberta (sem grelha) é considerada um fator de risco. Ruído produzido pelo equipamento utilizado.	Colocar protecções temporárias no dreno aberto até à colocação definitiva dos módulos. Utilizar equipamento de proteção individual.	V.A.
				Furtos	Os trabalhos estão a ser realizados nas vias públicas.	Ter guardas de segurança de serviço durante as horas e dias não úteis.	V.A.
Económico e financeiro	✓	-	-	Disponibilidade de fundos	O pagamento dos certificados de trabalho depende do Estado.	O Estado deve avaliar um plano de financiamento com os credores.	V.A.
				Inflação	Depende das políticas económicas do Estado nacional.	Provisão orçamental. Dispor de activos para salvaguardar o valor.	V.A.
				Suspensão dos pagamentos de certificados	Empresas de construção com fraca capacidade financeira.	Ponderação da capacidade financeira dos proponentes na análise da adjudicação da obra.	V.A.
				Variação dos preços das matérias-primas	O preço do cimento depende do mercado mundial.	Gerar stock de materiais de base.	V.A.
Social	-	-	✓	-	-	-	-
Político	✓	-	-	Greves dos trabalhadores.	Progresso das obras condicionado pelo trabalho dos operários.	Respeitar o Acordo Coletivo de Trabalho em vigor.	V.A.
Técnico	✓	-	-	Conceção deficiente do projeto	Dificuldade de reformulação na fase de construção.	Avaliar diferentes alternativas de conceção	V.A.
				Erros nas especificações técnicas	Trabalho do empreiteiro dependente das especificações técnicas	Gerar instâncias de controlo da elaboração de cadernos de encargos.	V.M.
				Défices no ensino básico	Conceção eficaz dependente de estudos de base	Efetuar estudos de campo básicos e pesquisas de fundo.	V.A.
				Fraco progresso no local	Pagamento dos certificados em função do estado de adiantamento dos trabalhos	Estudar e otimizar os recursos para progredir em várias frentes simultâneas.	V.A.
				Inexperiência do contratante	Projeto com trabalhos especiais e elementos de trabalho específicos	Ponderação dos antecedentes técnicos dos proponentes na análise da adjudicação da obra.	V.A.
Culturais	-	✓	-	-	-	-	-
Ecológico	-	✓	-	-	-	-	-
Institucional	-	-	✓	-	-	-	-

Quadro n° 15: Avaliação dos riscos do ambiente físico e social para o Projeto de Investimento.
Corazza Ignacio

90

	Situação			Risco		Intervenção de melhoria	
Item	Aplica-se	Não aplicável	Não definido	Ameaça	Vulnerabilidade	Ação	Melhorar
Física e terreno	✓	-	-	Armazenamento de resíduos à superfície.	Espaço comercial de grande tráfego a necessitar de limpeza.	Varredura e limpeza regulares.	V.A.
				Afetação das infra-estruturas de serviço público.	Entupimento do módulo.	Limpeza periódica por retrolavagem.	V.M.
Económico e financeiro		✓	-	-	-	-	-
Social	✓	-	-	Perturbação do fluxo de peões	Rua pedonal com muito tráfego.	Delimitar a área de trabalho à área mínima necessária.	V.A.
				Aumento da probabilidade de ocorrência de sinistros devido ao estaleiro de construção.	Pessoas que passam pelas zonas próximas do estaleiro.	Vedação e sinalização da zona de trabalho.	V.A.
				Cessação das actividades de consumo nos sectores comerciais.	Os trabalhos estão a ser realizados na principal zona comercial da cidade de Santa Fé.	Delimitar a zona de trabalho à área mínima necessária. Se necessário, planear acessos temporários seguros e passagens para as lojas.	V.A.
Político	-	✓	-	-	-	-	-
Técnico	-	✓	-	-	-	-	-
Culturais	-	-	✓	-	-	-	-
Ecológico	✓	-	-	Aumento das emissões de ruído e de poluentes para a atmosfera.	Trabalhar com equipamentos que emitem ruídos incómodos, sendo os martelos pneumáticos os mais ruidosos.	Alternância na utilização dos equipamentos, de modo a obter períodos espaçados de tempo sem emissão de ruído indesejável, respeitando as horas de silêncio e os limites de decibéis estabelecidos pelo município.	V.A.
				Geração de detritos e outros resíduos sólidos.	As obras implicam fases de demolição e também resíduos dos materiais utilizados.	Planeamento da gestão de resíduos. Efetuar uma avaliação do impacto ambiental.	V.A.
				Utilização de cimento.	As pessoas que passam nas zonas próximas do estaleiro e que podem respirar as partículas expelidas. Energia consumida e gases poluentes libertados na atmosfera para a sua produção.	Aumentar a eficiência do trabalho com cimento, manter o local limpo e arrumado. Evitar a poluição do ar com cimento, utilizando panos e coberturas de proteção na máquina de mistura e, se necessário, cercando a área de trabalho. Planeamento da gestão de resíduos. Efetuar uma avaliação do impacto ambiental.	V.M.
Institucional	-	-	✓	-	-	-	-

Quadro n° 16: Avaliação dos riscos do projeto de investimento para o ambiente físico e social.
Corazza Ignacio

91

X. Actividades / Componentes ambientais			Recolha de materiais				Demolição				Alvenaria				Colocação dos módulos				Circulação de veículos e máquinas				Produção de resíduos			
			±	M	I	V	±	M	I	V	±	M	I	V	±	M	I	V	±	M	I	V	±	M	I	V
Ambiente físico		Solos				-	-			3.7	-	1		3.				-				-	-			4.2
		Água				-	-			3.7	-	1		3.				-				-	-		9	4.2
	Ar	Ruído e vibrações				-	-	5		4.5								-	-			2.8				-
		Partículas em suspensão	-		5	3.9	-		5	5.9	-		5	3.				-				-	-		5	5.9
		Odores				-				-				-				-				-				-
Ambiente natural		Vegetação				-				-	-				+	5	8	6.3				-	-	1	8	2.8
		Fauna				-				-	-				+	5	8	6.3				-	-	1	8	2.8
Ambiente socioeconómico		População				-	-			4.2	-							-				-	-	1		2.6
	Saúde e segurança	Trabalho	-			3.5	-			3.5	-			3.5	-	1		2.6				-				-
		Público	-							-	-				+	5		5.9				-	-			3.7
	Economia	Emprego	+			4.6	+			5.3	+			5.	+			5.3	+	5		5.9				-
		Atividade comercial				-	-			4.0	-				+			4.6				-				-
		Acessibilidade	-			3.7	-			3.7	-			3.	-			3.7				-				-
		Serviços públicos				-				-	-				+	5	5	5.0				-	-		5	3.2
		Paisagem				-	-	1	1	1.0	-				+			3.0				-				-

Quadro n.º 17: Matriz de Leopold.

Printed by Books on Demand GmbH, Norderstedt / Germany